2015年度国家社会科学基金重大项目——中国西南少数民族传统村落的保护与利用研究

中国西南少数民族村落的保护与发展
保护研究系列

孙华 主编

青藏高原传统制陶历史、现状与未来

——基于陶器生态学理论的调查与研究

朱萍 著

巴蜀书社

图书在版编目（CIP）数据

青藏高原传统制陶历史、现状与未来：基于陶器生态学理论的调查与研究 / 朱萍著. — 成都：巴蜀书社, 2021.12

（中国西南少数民族村落的保护与发展丛书）

ISBN 978-7-5531-1637-2

Ⅰ. ①青⋯ Ⅱ. ①朱⋯ Ⅲ. ①陶瓷—生产工艺—研究—迪庆藏族自治州 ②陶瓷—生产工艺—研究—西藏 Ⅳ. ①TQ174.6

中国版本图书馆CIP数据核字（2021）第278964号

青藏高原传统制陶的历史、现状与未来：基于陶器生态学理论的调查与研究

QINGZANG GAOYUAN CHUANTONG ZHITAO DE LISHI XIANZHUANG YU WEILAI JIYU TAOQISHENGTAIXUE LILUN DE DIAOCHA YU YANJIU

孙华　主编　　朱萍　著

出品人	林　建
总编辑	侯安国
责任编辑	马　兰
出　版	巴蜀书社 成都市槐树街2号　邮编：610031 总编室电话：（028）86259397
网　址	www.bsbook.com
发　行	巴蜀书社 发行科电话：（028）86259422　86259423
经　销	新华书店
印　刷	成都东江印务有限公司
版　次	2021年12月第1版
印　次	2021年12月第1次印刷
成品尺寸	210mm × 285mm
印　张	10
字　数	200千
书　号	ISBN 978-7-5531-1637-2
定　价	300.00元

ISBN 978-7-5531-1637-2

9 787553 116372 >

保护民族村寨，促进社会发展（代前言）

孙 华

（北京大学文化遗产保护研究中心）

中国的西南地区包括了四川盆地、云贵高原和青藏高原三大地理单元。这里是世界的屋脊，是中国长江、黄河和珠江三大河流发源的地方，是贯穿中国的半月形文化传播带经过的地方。西南地区的腹地，也就是青藏高原东麓地区（包括藏东南、川西高原和滇西高原），被称作中国西南山地热点地区。该地区东为海拔很低的四川盆地，西邻高耸的青藏高原，从海拔几百米的河谷到六七千米的山脉交替出现。复杂的地理环境和气候条件造就了这里独特的生物多样性、民族多样性和文化多样性。这里是中国民族最集中的地区，又是中国交通最困难的区域，许多民族还保留着东部发达地区早已经遗失了的行为方式、生活习惯、聚落形态、宗教礼仪和生产工艺，蕴含着极其丰富的民族文化信息，是进行民族学、人类学和民族考古研究最理想的区域。该地区少数民族聚居的村寨则成为所有这些历史和文化信息集中的一个个资料库，有待于我们去开启和利用。在现代化和城市化飞速发展的中国，许多西南边远地区的闭塞状况已经明显改善，村寨的文化景观也已经发生或正在发生悄然的变化。这些，更需要我们文化遗产保护研究的从业人员去迎接挑战，在当地人们生活水准提高的同时，努力保护好这份宝贵的遗产资源。

西南地区山高林密，交通困难，古代的统一事业相对进行得较为缓慢。直到今天，西南地区还生活着中国族类最多的少数民族，散布着星罗棋布的不同民族的村寨。这些村寨所在地区相对封闭，经济也发展缓慢，文化的演进还基本上沿袭着其千百年来形成的自然节奏，不像中国东部和中部地区那样，乡村文化景观已经发生了很大的变化。由于西南少数民族所在的自然环境差异很大，社会发展水平参差不齐，文化习俗异彩纷呈，其乡村文化景观也有着显著的不同。这种不同，最集中地体现在其民族居住的村寨内。丰富多彩的少数民族村寨蕴涵着居住在其中的人们的大量社会、历史、文化和艺术要素，对我们认识中国多元一体的民族结构，研究这些少数民族的社会历史，丰富和发展人类的文化艺术，促进当地社会的可持续和谐发展，有着重要的价值。这些价值具体体现在以下三个方面。

首先，西南少数民族村寨是中国大多数少数民族丰富多彩的传统文化的集中保存地，是世界多元文化的重要组成部分。西南地区是中国南北向的文化传播带和东西向的文化传播带经过的地方，云南高原地区更是这两条文化传播带交叉的地方。前一条南北向的路线被称为“半月形文化传播带”或“藏羌（彝）走廊”，是中国北方及西北地区的古代族群南下的主要通道。考古学的证据表明，从新石器时代的仰韶文化时期起，北方的居民就沿着这条通道不断南下。后一条东西向的路线，也是古代族群迁徙的重要通道，这些族群沿着从云贵高原发源或流经的多条大河（如长江的支流沅水和乌江，珠江的上游南、北盘江，元江／红河的上游礼社江），或从云贵高原东下至长江中游、珠江口甚至红河下游地区；或从中下游地区逆流而上，进入到贵州高原甚至云南东南部地区。正是这两大文化传播带和族群迁徙通道的存在，造就了西南地区，尤其是云贵高原地区民族和文化的多样性和复杂性。中国现有56个民族，西南地区就集中了汉、壮、回、苗、土家、彝、藏、布依、侗、瑶、白、哈尼、傣、傈僳、仡佬、拉祜、水、佤、纳西、羌、仫佬、景颇、毛南、布朗、阿昌、普米、怒、京、基诺、德昂、门巴、独龙、珞巴等民族，占我国已识别民族总数的三分之二；此外，中国绝大多数未识别民族，也都分布在西南地区。这些民族基本上是以农业为主要经济形态的定居民族，由于各村落的历史形成不同、文化渊源各异，因而形成了种类众多、风格多样、习俗也千差万别的村落乡村文化景观。无论是文化的多样性还是村落形态的多样性，在西南地区都得到最充分最集中的体现。

其次，西南少数民族村寨是人类发展历史的实物证据。严格意义上的历史时期，是指有文字记录的时期，这个时期在中心地区开始于商代晚期的殷墟时期，但西南地区则比较晚，且各区域进入历史时期的年代不尽相同。在云贵高原的古夜郎道沿线，历史时期开始于西汉中期；在西藏地区，历史时期始于吐蕃时代；而在其他地区，有文字记载的历史开始更晚。而这种狭义历史时期的西南地区历史，文献的记载都是西南地区古代族群的人们与中心地区的人们发生了重要接触行为时的记录，如汉武帝通西南夷、蜀汉诸葛亮平南中、唐与吐蕃调整关系、南诏侵益州及交州、忽必烈灭大理、明太祖时的平云贵、明万历时的平播州、清雍正时的改土归流、清乾隆时的大小金川之役，等等。除了这些重大历史事件以外，文献记载中关于西南少数民族地区的记载并不多。我们要认识这个地区的历史，其史料来源除了文献记载外，早期的主要是考古材料，晚期的则主要是蕴含在村落中的民族志资料。回顾历史可以知道，一个古族自从其共同的生活区域基本稳定以后，如果没有积累的内部冲突或外界干扰，其聚居的村落有的会一直延续下来（当然随着人口的繁衍等原因也不断会有新的村落建立）。云南云龙县白族的诺邓村，由于这里很早就发现有盐卤涌出，白族先民很早就在这里定居，唐代樊绰《云南志》中就已经有了“诺邓”之名，该村的形成肯定在唐代甚至更早的时代，是一个千年村名不改、聚落不迁的具有深厚文化积淀的传统村落。现代西南每个民族的村落中都蕴含着丰富的历史信息，通过这些信息，我们可以知道许多考古材料和历史文献所没有的古族历史的细节，从而为研究西南民族史做出贡献。除此以外，西南少数民族村落还能提供中国东部地区发展历史的重要参考材料。由于社会发展的地域性不平衡，我国东部地区许多历史上曾经有过的东西都已经消失了。“礼失而求诸野”，在中国西南民族村落中，就保存了许多中国中心地区曾经有过但现在已经消失的文化现象。研究西南民族村落的现在，很可能有助于了解我们的古代。

最后，西南少数民族村寨是西南地区社会发展的重要资源。西南地区各个不同的地域，是世世代代生息在这些地方人们的心灵家园。这里集中保存着他们祖辈的业绩，有他们世代相承的生存智慧、生活方式和文化传统。由于现代社会发展十分迅猛，特别是在现代化、全球化和城乡一体化的浪潮中，原先生活在相对封闭、节奏缓慢、发展滞后的西南少数民族村寨的人们，在使人眼花缭乱的外来信息的冲击下，自然会产生种种不适应，不仅对外界也对自身产生种种困惑，从而就会希望在自己的家园获得一些慰藉。如果说外来文化的冲击，使得西南少数民族村寨的传统发生某种程度的中断，当地村民持续而稳定的生活变得不那么具有连续性，是催生西南少数民族地区人们乡愁的纵向因素的话，那么，当今西南地区许多少数民族村寨的年轻一代离开世居的村寨到城市务工，置身于一个完全不同于传统乡村的现代城市中，这种空间距离和文化差距就是生成这些外出村民乡愁的横向因素。这样，作为家园的传统村寨就成为包括少数民族在内的现代人们用以寻求自我的心灵平衡、重新找到精神归属感的自我防御机制的重要“文化空间”。除此以外，中国西南地区山峦起伏，森林广布，自然景观随地区和地形而变化，既有云遮雾罩、山重水复的高原山地，又有天高气爽、环山嵌湖的高原平坝，还有白云蓝天、绿草如茵的高海拔草原，多样的自然环境加上多样的文化传统，造就了丰富多彩的建筑类型和建筑风格，形成了文化景观迥然不同的村落风格。优美的环境，奇特的建筑，再加上位于外地人很少去的偏远地区，西南少数民族村寨受到了国内外公众的普遍喜爱。早在20世纪前半期，俄国人顾彼得（Peter Goullart）就这样深情地写道：“我很早就梦想找到并生活在一个被大山与世隔绝的美丽的地方，也就是若干年后詹姆斯·希尔顿在他的小说《失去的地平线》中描写的‘香格里拉’。小说的主人公意外发现了他的‘香格里拉’。而我在丽江，凭我执着的追求寻觅，找到了我的‘香格里拉’。”前些年，《中国国家地理》曾发起过评选中国最美村落的活动，高居榜首的不是江浙水乡村落，不是皖南徽州村落，而是四川丹巴县甲居嘉绒藏寨，就说明了这个问题。西南少数民族村寨因而也就成了一种重要的旅游资源，成为促进当地经济、文化和社会发展的一个重要因素。

不过，也正是由于现代化、城市化、全球化的冲击，西南少数民族村寨才与中国其他地方的传统村落一样，几乎所有村寨都有了电灯照明、电话通信和电视信号接收。一条条公路、一根根电线和一道道电波正在将乡村与城镇连接起来，与世界其他地方联系起来，乡村也不可避免地要被卷入全球化的浪潮。即使在最偏僻的一些村寨，外来的观念、外来的文化和外来的设施都已经进入这些村民的头脑中、行为中和日常生活中。这种跨越自然区隔的道路建设和信息管道的建立，使得原先相对被“隔离”的乡村变得不那么封闭了，乡村的生态环境发生了变化。这种变化也必然导致乡村的许多方面向城镇靠拢，从而使乡村文化景观发生变异。这种变化的表象之一，就是许多民族村寨的人们受到城市和工厂的吸引，年轻人大多外出务工，村内剩下的大都是老人、孩子或中年以上妇女，失去了最有活力的青年群体，原先兴旺的村寨已经衰落和破败，村落面临着严重的空心化、老龄化、城郊化等问题。并且随着乡村经济走向多元化，西南地区许多村寨的家庭都有了兼业（副业），由于各家兼业种类和规模的不同，各个家庭的收入也有较大的差异，整个乡村社区的结构已趋向复杂。根据文化人类学或考古学的理论，越是复杂的事物，越容易发生变异。西南少数民族村寨的乡村文化景观，加快其原先基本稳定的发展演变节奏，已成为一个不可避免的现象。

在现当代全国统一的土地制度、行政制度和管理模式下，在当下城市化、城乡一体化和现代化的冲击下，西南地区少数民族村寨面临的问题与中国所有传统村落基本相同，主要体现在这样四个方面：一是普遍失去了传统的自下而上的自组织能力，自上而下的全国统一的他组织行为代替了具有个性化的自组织行为，传统文化多样性生成的土壤已经不复存在；二是伴随着现代化和城市化进程的迅速推进，村民大量涌向城镇，原先的基层政权对乡村的管控能力降低，导致村寨内部凝聚力下降甚至丧失；三是传统乡村与城镇的生产关系发生逆转，新的城乡关系导致多数西南少数民族村寨日益破败，城乡间的贫富差距进一步增大；四是开始于贵州湄潭县，进而在全国实施的农村土地的“两权分离”和“长久不变”，使得包括西南少数民族村寨在内的土地权属固化，无论是改善村民的居住用房和人居环境，还是试图致力于村寨的规模化产业的发展，都变得非常困难。除了这些问题，我们在相当长一段时期内，强化了城镇与乡村的差别。农村户口的人们一旦因读书、招工、参军等因素获得了城市户口后，就失去了再回到农村的可能性。他们退休后不能在故乡买房建房，为乡村建设发挥作用，只能在城市买房安度晚年，将积累的财富和资源留在城市。这与过去乡绅阶层不少是从城市退休返乡、将在城市赚取的财富和资源带回乡村的情况截然相反。而在不断推进城市化的今天，乡村的人们不再被一亩三分地束缚，他们大量在城市务工，不少人将挣得的工资储存起来在城镇买房，人才资源和资金资源不断从乡村被带到城市，而城市的人才资源和资金资源却很少进入农村。这些因素，导致城市与农村的差距加大，农村不免日益贫困化和边缘化。

中国西南少数民族村寨既然有重要的文化价值和社会价值，现在它们的存在状态和发展趋势又面临着许多问题，这就需要我们尽快选取保护对象，寻找保护对策并采取相应的行动，使这些承载着丰富文化信息的传统村寨能够更长久地保存和延续。

中国西南地区幅员辽阔，基本保持着传统风貌的村寨数量很多，有些位于高山陡坡、交通不便、存在地质灾害、不利于村民生产生活的村寨，当然只能采取拆村搬迁、合村并寨等方式进行处理；那些靠近城镇、已经或即将纳入城镇建设区的村寨，那些位于交通要道沿线、传统风貌正在迅速变异的村寨，已经无法也没有必要再采取保护行动。西南少数民族地区村寨数量众多，许多村寨都具有相近的自然环境和村寨建筑，如何在每个少数民族的众多村寨中选取具有典型性和代表性的村寨，这是保护好西南民族村寨的首要问题。中国是一个文明古国，又是资源相对缺乏的人口大国，遗产保护与民众生计的矛盾比许多国家都尖锐。即使是那些已经成为历史陈迹的古代遗址，保护起来仍然存在着保护性用地与乡村耕地和宅基地之间的矛盾冲突，更何况乡村文化景观这样的动态遗产。因此，在制定西南少数民族村寨的保护规划之前，先要对这些地区的村寨进行全面调查，基本掌握现有村寨的相关信息，才能进行一个民族或一个自然地理单元的各村寨的价值比较，才能从中选择出不同价值层面的村寨，并将其列入不同的保护层级，才能确定保护的范围、资源的取舍和发展的方向。

生活在中国西南山地的各民族，由于其村寨散布在交通不便的山区，被文化遗产学界了解情况的村寨只占其中一部分（这些村寨主要沿公路分布并距离城镇不是很远），还有许多村寨有待于重新调查和认识。到目前为止，我们已有的少数民族调查报告，注重的是人而非物，其公布的信息还不足以使遗产保护和管理者认知其价值。以苗族为例，早在20世纪50年代前，就已经涌现出了被誉为“苗学研究的三座里程碑”的三部苗族调查报告；20世纪50年代后，国家组织社会学家、民族学家和历史学家也开展了大量苗族社会历史调查工作，其调查成果除了“中国少数民族社会历史调查资料丛刊”中的苗族部分外，西南诸省区还分别编写了不少苗族的调查报告，贵州省民族研究所组织编写的“六山六水民族综合调查”就是其中之一。这些原始调查报告当然很珍贵，却存在一些缺憾。缺憾之一就是这些调查要么是区域民族调查，其调查范围主要是以州、县、乡为单位，很少能够具体到自然村寨这样基层的聚落单位；要么是某些专家进行的以某民族某一文化要素为对象的专题调查，缺少一个典型村寨全部结构要素的综合资料。因此，以自然村落为考察单位，首先进行各地区各民族的村寨调查，从中选取典型的村寨编写出版系列的“中国西南少数民族村落内容总录”，是开展该地区传统村落保护的前期工作。在此基础上，就可以通过村寨价值的比较评估，首先筛选出可以推荐列入省市级保护的相关村寨，然后再选出可以推荐列入全国重点文物保护单位和国家级历史文化名村的村寨，最后将价值最高、特征最典型的村寨推荐列入《中国世界文化遗产预备名单》及《世界遗产名录》，从而真正做到分级实施保护。

正是考虑到中国西南地区少数民族村寨的重要价值和面临的问题，北京大学文化遗产保护研究中心和贵州省文物局达成共识：少数民族村寨是中国西南地区文化遗产最重要的组成部分，这些村寨正面临着迅速改变和消失的威胁，亟须采取有计划的保护行动。由于西南地区自然条件复杂，民族成分多样，聚落形态千差万别，在开始保护行动之前，首先需要对西南地区不同民族、不同区域、不同社群的村寨进行系统的调查，在充分了解这些村寨基本情况和存在问题，以及深入思考这些村寨特点的基础上，通过对比分析这些村寨的文化面貌和价值分级，选取亟须采取保护行动的村寨群落和村寨个体，然后编制与乡村发展相结合的保护规划，采取恰当且适度的保护性干预行动。为此，我们在2007年开始了中国西南地区少数民族村寨调查的号召和动员，并于2008年起首先从贵州黔东南苗族侗族自治州的苗族村寨和侗族村寨开始，展开了少数民族村寨基本情况的调查。

从2008年到2014年，我们调查的范围从贵州黔东南州延伸到了邻近的湖南通道县和绥宁县、广西三江侗族自治县，其间还对云南大理白族自治州剑川县的白族村落、四川甘孜藏族自治州丹巴县的嘉绒藏族村落进行了调查。参加调查的人员主要是高等院校的师生，其中有以院系、研究所或研究中心名义组织的海峡两岸高校和科研单位人员，包括北京大学、同济大学、中央民族大学、四川大学、广西师范大学、台南艺术大学、贵州省文物保护研究中心、成都市博物院等，还有多所高校的本科生和研究生个人自愿报名参加了调查。这些调查都是利用每年的暑期进行。七年间参加调查的人员数量，即使不计当地文物部门派遣的干部和当地参加调查的大学生，其数量也达到了309人次（其中有的师生多次参加，人员名单附后）。在此行动中，既有白发苍苍的老教师，如台湾清华大学的徐统、台南艺术大学的陈国宁教授，也有刚刚在大学修完“文化遗产概论课”参加实习的大学低年级学生，但主力则是来自历史学、考古学、社会学、民族学、建筑学、城乡规划学、博物馆学的大学毕业生和研究生。这些师生冒着酷暑，在西南偏僻的山村进行田野调查，先后调查了苗族、侗族、藏族、白族的村寨超过五十个，另对与少数民族村寨相关的贵州锦屏县隆里古镇、四川宝兴县曹家村进行了调研，撰写了这些村寨的调查简报。有了对这些村寨地理环境与资源、传说与历史、基本构成单元、内部与外部结构、人群与社会组织、生业与经济结构、生活方式与风俗、宗教信仰与禁忌、相关文化事项和村寨保存状况的基本了解，再着手选择需要列入保护的村寨，并开始对一些村寨开展保护所需的更详细的综合调查和专题调查，在现状勘察报告完备、存在问题厘清的基础上，开始编制保护与发展规划，并开展保护行动。

选取要采取保护行动的保护对象，无论是从岛屿生态地理学的理论来说，还是从尽可能多地保存我国传统村落的角度来说，都应当尽可能多地对有明显地理边界的成片传统村落和村落群进行整体保护。不过，传统村落不是简单的不可移动文物，我们不应当一味追求列入保护单位的传统村落数量。我们需要关注已被列为国家级或省（市）自治区级文物保护单位的传统村落的情况。这些村落通常都是以“某某村古建筑”的名义被列入保护单位的，保护的对象是这些村落中年代较早、规模较大的建筑群，不是整个村落，更不包括这些村庄赖以存在的农田、山林和川泽，也不包括这些村寨中的社会组织、生产工艺、民俗节庆、宗教礼仪等非物质文化事项，即其文物保护只是村落中个别物质文化要素的保护。这就容易出现传统村落中的公共建筑和个别民居保护较好、而整个村落及其载体却疏于保护的现象。我们还应当吸取中国历史城市保护的经验教训，这些教训是多方面的，其中的一个教训就是国家级的历史文化名城数量过多，先后公布的三批国家级历史文化名城总数达99座，这些历史文化名城大多基础研究还比较薄弱，针对历史文化城市不同类型所制定的保护策略又有欠缺，保护范围（整体城市文化景观保护、城市轮廓及街区文化景观保护、部分街区文化景观保护、重点城市建筑遗产保护）也不够明确，结果现在的历史文化名城除了被列入世界遗产的城市以外，绝大多数是名存实亡了。西南少数民族村寨规模一般不大，即使在贵州黔东南州有号称“苗都”的最大的西江千户苗寨，居民户数也不过1258户，人口不过5326人，其空间范围的大小和结构的复杂程度都无法与城镇相比，其保护难度比城镇要小些，保护模式应当以整体保护为主。不过，越是强调整体保护，在选取保护单位时就越应当注意代表性，否则有的地方会以为类似的村寨很多，改变几处无关紧要。一旦被列入高等级保护单位的民族村寨被人为破坏，而没有采取问责制追究有关责任人，就会使有关保护的法律规章失去其应有的权威，破坏行为就会蔓延，就如同大多数中国历史文化名城的遭遇一样。

我们早就认识到，一个完整的传统村落不仅是村落的建筑，还应当包括村落赖以存在的田地、水泽和山林，包括活动在这个区域内的人们及其传统行为模式。按照文化遗产的分类体系，传统村落应当归属于文化遗产的特殊类型——文化景观。文化景观是联合国教科文组织倡言的文化遗产的特殊类型，它是一定空间范围内被认为有独特价值并值得有意加以维持以延续其固有价值的、包括人们自身在内的人类行为及其创造物的综合体，其生活方式、产业模式、工艺传统、艺术传统和宗教传统没有中断并继续保持和发展的城镇、乡村、工矿、牧场、寺庙等，都应当属于文化景观的范畴。农业文化景观由于产业模式不同，又有传统村落文化景观和农场文化景观的分别，前者由于地理的区隔、传统的差异，文化面貌也异彩纷呈，是农业文化景观的主体，也是世界多元文化最重要的构成要素。中国西南的少数民族村寨，其地理环境多样，文化传统各异，许多地处偏僻山区的少数民族村寨迄今仍然保持了自己鲜明的传统和特色，是中国乃至世界的文化景观类型遗产的重要组成部分。不过，“文化遗产”不同于“文物”，前者包括了物质和非物质的遗留，后者则只针对物质的遗存。文物保护专家很容易将诸如少数民族村寨这样的遗产划分为两部分：村寨的聚落、民居和公共建筑被视为不可移动文物；而村寨内人们的日常用具、服装饰件则被归为可移动的民俗文物。至于传统村落赖以存在的田地、山林和丰富多彩的非物质文化事项，却没有被纳入文物保护的范畴。浏览目前已经公布的七批全国重点文物保护单位的名单，不难发现，几乎所有传统村落都是以“某某村古建筑”“某某民居（某某大院）”等名目出现的，文物保护面对的不是传统村落的整体，而是村落中的部分古建筑或代表性建筑。由于以文物保护单位这样的模式保护传统村落，尽管有国家《文物保护法》的法规作保障，仍然很难做到保护村落的完整性、真实性和延续性；但如果将文物保护单位的范围推广至整个村落，甚至村落外的田地和山林，那么如何制定文物保护和管理的规定，如何处理村民因人口增长而新建的住房，以及如何对待村民改造自己原有住宅以提高自己生活品质？凡此等等，都是目前从事传统村落保护，尤其是西南少数民族村寨保护需要思考的问题。

我们这套“中国西南少数民族村落的保护与发展丛书”，正是上面这些思考和工作的产物。全书由“内容总录”“勘察报告”“保护研究”三个系列组成，涵盖了西南部分少数民族村寨基本情况调查、专题研究与综合研究以及保护与发展规划和实施报告三个方面。

“中国西南少数民族村落内容总录”系列，以村寨为基本单位，全面介绍该村寨基本情况。本系列已经编写了12册，分苗族村寨、侗族村寨、藏羌村寨、白族村寨四卷。其中已经调查的重要侗族村寨分布于贵州、湖南、广西三省区，故又细分为《贵州侗族村寨调查简报》《湖南侗族村寨调查简报》《广西侗族村寨调查简报》若干分册。每一分册由2—5篇调查简报组成，我们希望关注传统村落保护与发展的学者和机构，能够通过这些调查简报，对这些村寨的历史文化和当下状况有一个最基本的了解。由于我们的田野工作以贵州黔东南州为中心，因而贵州的苗族和侗族村寨调查报告的数量也最多，占了这个系列的半数，这也是苗族和侗族村寨以黔东南地区数量最多、保存最好、文化事项最丰富现状的反映。

“中国西南少数民族村落勘察报告”系列，由多本典型少数民族村寨勘察报告、专项研究著述组成。由于内容相对简单的村寨调查简报还不能满足从事传统乡村研究、保护和发展的相关机构和个人的需求，需要对选取作为保护与发展对象的村寨做详细的勘察记录，找出该村寨存在的普遍性和特殊性问题，以便采取有针对性的保护与发展措施。计划撰写的勘察与研究报告有《贵州榕江县大利侗寨调研报告》《贵州榕江县大利侗寨勘测报告》《贵州锦屏县文斗苗寨调研报告》《贵州黎平县堂安侗寨整治报告》《四川丹巴县中路藏寨调研报告》《云南云龙县诺邓村调研报告》等。除此而外，我们还将在西南少数民族村寨保护与发展的实践中，选取一些典型案例，将其记录汇集成册，以提供其他从事传统村落保护的同志参考和评判。

“中国西南少数民族村落保护研究”系列，是西南少数民族村寨保护的综合研究。它包括了村寨的历史、特点、价值和问题的基础研究，包括了针对中国传统村落、西南民族村寨、某一区域和族群村寨、某个自然村落存在问题及应对措施的研究，还包括了某些正在采取保护行动的传统村落的保护规划、展示规划、发展规划、方案设计等。如《中国传统乡村文化景观研究》《侗族村寨文化景观研究》《苗族村寨文化景观研究》《坪坦河流域侗族村寨保护与发展初论——从生态博物馆的角度》《川西高原藏羌碉楼研究》《云南云龙县诺邓村专题研究》《贵州控拜村苗族银匠村研究》《贵州榕江县大利侗寨文物保护规划》《贵州榕江县大利侗寨保护与发展规划》等综合和专题研究专著，以及《西南少数民族村寨研究文集》这样的论文汇集。

最后，我要代表我们全体作者，向支持西南少数民族村寨调查、研究和保护工作的单位和个人表示衷心的感谢。首先应当感谢的是联合国教科文组织北京代表处，该处的遗产项目专员杜晓帆博士最早提请我们关注西南地区少数民族村寨的保护与发展，希望中国这样一个大国能够利用自己的优势给东南亚少数民族村寨的保护探索符合亚洲特点的路径，我们正是在晓帆博士的鼓动下分别从不同的领域投入到西南地区少数民族村寨保护之中。其次是海峡对岸世界宗教博物馆的陈国宁馆长，她不顾自己年事已高，在自己原先任教的台南艺术大学的支持下，多年来承担起了组织台湾高校师生到祖国的西南地区参加少数民族村寨调查的重任，除了将她在台湾从事社区博物馆和社区再造的经验带给我们，还增强了海峡两岸师生的交流和了解。其三是要感谢中央民族大学民族及社会学院、同济大学建筑与城市规划学院、四川大学历史文化学院、台南艺术大学文博学院、云林科技大学文化资产维护系等高校相关院系所的负责人，他们协助我们动员学生参与西南地区少数民族村寨调查，是我们调查组人力资源和学术资源的可靠保障。其四要感谢四川、云南、湖南、广西诸省区文物局，他们在经费、人员、后勤保障上给予了我们许多支持和帮助，如果没有他们，我们许多工作没法顺利推进。最后，我们要特别感谢贵州、四川、云南、湖南、广西诸省区我们曾经开展调研工作的县（自治县）文化文物系统的工作人员和乡村的基层干部，他们或与我们调查组的师生一起进驻村寨，充当我们的进村“向导”并为我们排忧解难，或充当我们在村中的“翻译”，帮我们联系村民，协助我们做社区动员和召开村民大会。正是在以上单位和个人的无私帮助和支持下，我们的村寨调查、村寨规划和村寨保护实践才能够顺利向前推进。

就在“中国西南少数民族村落的保护与发展丛书”首批图书即将出版之际，我们高兴地得知，国家已将“中国西南少数民族传统村落的保护与利用研究”列为国家社科基金重大招标项目，我们北京大学与中山大学分别中标承担起该课题的研究任务。回顾过去，我们西南少数民族村寨保护与发展的项目，最初只是北京大学支持的一个小课题，所获课题经费也只有五万元校长基金作为启动资金。多年的调查工作使我们从各方面筹集资金，非常节约地使用，使得我们历时八年、参加人员达三百余人次的田野工作能够顺利完成。国家出版基金设立后，基金委将“中国西南少数民族村落的保护与发展”作为首批国家图书基金资助项目，使我们这些年积累的调查和研究成果，能够有资金资助顺利出版。

希望本丛书能够给我们认识这些村寨提供基础资料，同时也希望这套简报能给予城市规划、乡村规划和区域规划者一个参考的依据，在城市发展、新农村建设的时候，能重新思考中国文化的核心价值，吸取农村发展的经验，厘清中国不同于其他文明的特色，构拟出一个适合现代国人生活和居住的蓝图。

附：参加西南少数民族村寨田野调查和报告编写人员名单

2008年度（20人）

孙华、张成渝（北京大学考古文博学院教员）。

王书林、吕宁、王敏、王璞、黄莉、马启亮、高玉、黄玉洁、童歆、干小莉、刘杨、石慧（北京大学考古文博学院、城市与环境学院）；刘睿、刘翠虹、刘业沣（中山大学人类学系）；郭琼娥、李蜜、杜辉（厦门大学历史系）。

2009年度（40人）

陈国宁（台南艺术大学文博学院教员）；孙华；李慧（四川大学历史文化学院教员）。

余昕、李伟华、丁虞、韩爽、张娥凛、戴伟、李林东、王哲妍（北京大学社会学系、考古文博学院、元培学院）；杨向飞、龙成鹏、张悦、张志磊、徐菲、王皓、罗洪、赵丹、王妹娜、邱艳、谢莉亚、周海建、杨丽玉、李灵志、黄秋韵、董晓君、宋秋、刘争（四川大学历史文化学院）；沈天羽、王韵嘉、雷继成、高忠玮、黄胜裕、陈韦伶、高玉馨、朱仲苓、张雯茵（台南艺术大学文博学院）；刘亦方（郑州大学历史与考古学院）；黄尚斐（中国传媒大学摄影系）。

2010年度（44人）

陈国宁；孙华、张成渝；江美英（南华大学艺术学院教员）；朱萍、马赛（中央民族大学教员、民族学与社会学学院教员）；白露、李林东（成都博物院文物考古研究所干部）。

王怡萍、范子岚、陈筱、张娥凛、何源远、赵昊、荆藤、邹鹏、余昕、郭明、李颖（北京大学考古文博学院、社会学系）；张林、陶映雯、向阳、贾凯丽、郑宜文、杨力勇、司马玉、张一辉、来源、吴仙仙（中央民族大学民族学与社会学学院）；冯佳福、吴昭洁、张康容、黄雅雯、苏淑雯、王柏伟、王净薇、谢如惠、黄淑萍、谢玉菁、钟子文、邓佳铃（台南艺术大学文博学院）；杨丽玉、张绍兴（四川大学历史文化学院）；韩婧（中山大学社会学与人类学学院）。

2011年度（61人）

徐统（台湾清华大学材料科学工程系退休教员）；陈国宁；孙华；王莞玲（兰阳技术学院建筑系教员）；江美英；朱萍；李智胜、郭秉红（贵州省文物局抽调专业干部）。

陈筱、陈元棪、梁敏枝、黄莉、焦姣、韩爽、杨玲、庄惠芷、张林、邓振华、何月馨、孙雪静、李梦静、周仪、丁雨、张瑞、柳闻雨、张琳、刘精卫、李皓月、王晴锋（北京大学考古文博学院、社会学系）；贾凯丽、郭领、刘学旋、郎朗天、雷磊、于梦思、王东、王博、王金、董韦（中央民族大学民族学与社会学学院）；袁琦（北京理工大学工业设计系）；闫金强（天津大学建筑学院）；杨丽玉（四川大学）；熊芝莲（云南师范大学日语系）；沈天羽、蔡译莹、赵庭婉、陈昱安、许又心、萧淑如，张康容（台南艺术大学文博学院、视觉艺术学院、艺术史学系）；段品淇、叶怡麟、郭维智、龚琳雅（云林科技大学文化资产维护系）；唐君娴（台北艺术大学建筑与古迹保存研究所）；谢以萱（台湾大学人类学系）；许明霖（台湾“中央”大学艺术学研究所）；林孟荪、陈仲甫（兰阳技术学院建筑系）；黄雅雯（高雄市立历史博物馆）；林义焜（台湾清华大学）。

2012年度（51人）

陈国宁；孙华；周俭（同济大学建筑与城市规划学院教员）；江美英；赵春晓（兰州建筑科技大学教员）；寇怀云（同济大学城市规划研究院职员）；赵瞳（清华大学建筑设计研究院职员）。

陈筱、陈元棪、王晴峰、张林、袁怡雅、刘昇宇、韩博雅、王小溪、朱伟、孙雪静、张锐、娃斯玛、刘婷、李楠、李可言、王斯宇、杨凡、刘天歌、尚劲宇、张予南、李寻球（北京大学考古文博学院、社会学系）；曾真、董真、庞慧冉、刘小漫、卞晶喆、白雪莹、单瑞琪、张琳、俞文彬（同济大学建筑与城市规划学院）；石泽明、陈海波（中央民族大学民族学与社会学学院）；刘若阳（北京中医药大学毕业生）；陈沛妤、蔡泽莹、曾正宏、张康容（台南艺术大学）；段品淇、叶怡麟、龚琳雅（云林科技大学文化资产维护系）；杨贵雯（台湾）；林欣鸿（台湾清华大学）；林孟荪（台湾高雄大学）。

2013年度（42人）

孙华；朱萍；王红军、杨峰杨（同济大学建筑与城市规划学院教员）；赵春晓（兰州理工大学建筑学系教员）。

陈筱、李光涵、尚劲宇、王一臻、尚劲宇、吴煜楠、王宇、冯玥、王云飞、陈时羽、张夏、张高扬、张林、王思怡、温筑婷、张锐、刘畅、李唯、张予南、徐团辉（北京大学考古文博学院）；巨凯夫、门畅、尹彦、魏天意、娄天、陶思远、王正丰、陈艺丹、朱佳莉、罗蓝辉、陆盈丹、李缘圆、韩瑞、郑晓义、冯艳玲（同济大学建筑与城市规划学院）；曹玉钧（北京林业大学园林学院毕业生）；于炳清（南京解放军理工大学）。

2014年度（39人）

杨树喆、海力波、冯智明（广西师范大学文学院教员）；赵晓梅（北京建筑大学建筑学院教员）；孙华；郭秉红（贵州安顺市文物局退休干部）。

陈容娟、李哲、党延伟、谢雪琴、蔡检林、徐田宝、梁膑、彭翀、杨斯康、谢耀龙、李婉婉、周洁、辛海蛟、甘金凤、赵家丽（广西师范大学文学院）；李光涵、张巳丁、冯妍、尚劲宇、孙静、加娜古丽（北京大学考古文博学院、社会学系）；解博知、张逸芳、吕妍（北京建筑大学建筑学院）；于炳清、陈罗齐（南京解放军理工大学）；张力、杨中运、郑耀华（兰州理工大学建筑学系）；黄雨博（四川大学历史文化学院考古系）；Suvi Ratio（苏葳，芬兰赫尔辛基大学人类学系）；陈会、陈燕（贵州省文物保护研究中心）。

2015年度（12人）

石鼎（复旦大学文物与博物馆学系教员）。

李光涵（北京大学考古文博学院）；孙静（北京大学社会学系）；王霁霄（清华大学规划学院）；殷婷云（清华大学建筑学院）；石本钰、冉坚强、张芬（贵州民族大学民族学系）；刘威（山西大学考古学系）；杜菲（京都大学景观学系）；Joel Wing-lun（黄智雄，哈佛大学历史系）；张力（志愿者）。

——以上共计309人，没有注明教员身份的均为研究生和本科生。其中博士生陈筱、李光涵曾两次以辅导员身份带队，特此说明。

目 录

引 言①

我国的历史是各族人民共同书写的，中华民族的灿烂文化更是各族人民共同创造的。56个民族在不断地交流、交往与交融中，形成了多元一统的中华民族。正如习近平总书记所言“一部中国史，就是一部各民族交融汇聚成多元一体中华民族的历史，就是各民族共同缔造、发展、巩固统一的伟大祖国的历史。”

民族民间传统技艺是中华民族优秀文化遗产的精髓，有着悠久的历史、深厚的民族底蕴和丰富的文化内涵，其技艺特点、生产流程及习俗、产品等集中体现了中华民族优秀传统文化的特色，见证了中华文明绵延传承的历史，是连接各族人民情感、维系祖国统一与发展的重要基石。保护好、传承好并利用好这些传统技艺，对于展现中华文化的独特魅力、延续中华民族的悠久历史文脉、增强中华民族的文化认同、坚定各族人民的文化自信、维护国家统一和民族团结，以及建设好社会主义文化、经济强国都有着极其重要的意义。但是随着现代化进程的加快、传统生活方式的变迁，传统技艺赖以生存的民俗、文化背景和生活场景等正在发生变异，一些原本在人们的生产、生活中扮演着重要角色的传统技艺正在逐渐消失，加上现代工业制品的冲击、传承人的流失等原因，很多传承了千百年的传统技艺正在面临失传的危机。我国是一个统一的多民族国家，各族人民在不同历史时期所创造的具有中华民族特色的传统技艺是我国文化遗产体系和人类文明的重要组成部分，是中华文化的瑰宝，对其进行有效保护和活态传承是我国文化遗产事业的工作重点。

主要分布在西藏和云南迪庆地区的青藏高原传统陶器制作技艺，有着独特的地域风格和鲜明的民族特色，是藏族人民优秀的文化遗产，承载着藏族工匠艺人的智慧，集中体现了藏族人民的发展历史及其生产生活习俗和人生观、世界观、宗教观等民族记忆，是探究藏族文化和

① 本书系北京大学考古文博学院博士学位学术创新成果。

传统工艺的重要资料。2008年，云南迪庆藏族自治州的陶器烧制技艺（藏族黑陶烧制技艺）被列入第二批国家级非物质文化遗产名录。西藏自治区非物质文化遗产保护名录中也包含制陶工艺：拉萨市墨竹工卡县制陶工艺列入第一批保护名录；日喀则市谢通门县牛村陶器制作技艺以及山南市曲松县陶器制作技艺、扎囊县陶器制作技艺列入第二批保护名录；西藏红陶烧制技艺列入第四批保护名录。但是，随着社会的发展，各种塑料、金属质地的现代工业制品逐渐取代了陶器在藏族人民生活中原有的重要地位，因此制陶技艺在很多地方逐渐消失，仍在坚守的个别制陶点所生产的陶器种类也渐趋减少，这一珍贵的传统技艺正面临失传的危险。

目前，国家和地方政府已经采取了一系列措施以更好地保护和传承青藏高原传统制陶技艺，学者们也对其现状及历史进行了初步的调查研究，[①]但现有研究更多是从记录的角度考察传统制陶技艺的工艺流程，却少有学者意识到其所面临的保护传承危机，更未能从文化遗产保护的角度对其进行研究，探究传统技艺保护传承的困境和解决问题的方式。从文化遗产保护的宏观研究上来看，近年来，我国在非物质文化遗产保护领域的探索取得了一定进展，提出了“生产性保护”的概念，即通过生产、流通、销售等方式，将非物质文化遗产及其资源转化为生产力和产品，产生直接经济效益，促进相关产业的发展，在合理利用资源的基础上有效促进传统技艺的传承、利用和发展。2012年，文化和旅游部印发了《关于加强非物质文化遗产生产性保护的指导意见》，进一步明确了生产性保护的概念、方针和原则。从理论上来看，这种保护方式能使非物质文化遗产随着社会的变化、发展得到有效保护、有序传承，使其发挥更大的社会价值。但在具体的操作过程中也出现了各种各样的问题，最值得关注的是盲目追求市场化、现代科技和工艺的引入等导致非物质文化遗产的真实性和整体性遭到破坏，使其失去了传统文化内涵。生产性保护是否能在青藏高原传统制陶技艺的保护中发挥积极作用，值得深入研究。

笔者认为，维护文化的多样性与差异性，对文化遗产的保护传承是世界各国普遍存在的问题，但是解决问题的方式、方法和措施则应该是因事制宜的。非物质文化遗产的有效保护、活态传承及可持续发展，必须制定有针对性的措施；而措施的制定，有赖于扎实的基础性研究工作支撑。要保护好青藏高原传统制陶技艺这一优秀文化遗产，前提是对其进行系统、全面的调查研究，充分挖掘、系统总结该技艺的内涵、价值和特点。

2021年8月12日，中共中央办公厅、国务院办公厅印发了《关于进一步加强非物质文化遗产保护工作的意见》，并要求各地区各部门结合实际认真贯彻落实。《意见》中明确要求：“切

① 如：古格·齐美多吉：《西藏地区土陶器产业的分布和工艺研究》，《西藏研究》，1999年第4期；李月英、李晓斌：《云南民族博物馆馆藏陶器研究——藏族黑陶》，云南民族出版社，2013年；赵美、李秉涛：《怒族、彝族、藏族手工制陶研究》，科学出版社，2020年。

实提升非物质文化遗产系统性保护水平……完善区域性整体保护制度。将非物质文化遗产及其得以孕育、发展的文化和自然生态环境进行整体保护，突出地域和民族特色”。制陶技艺的直接物质产品是陶器。自新石器时代开始，陶器便是人类制作和使用最为广泛的人工制品之一，因其具有易损、普通、数量多等特点而成为考古学研究器物年代、遗存分期断代及考古学文化的重要实物资料。发展到当代社会，该项技艺更是成为一项重要的非物质文化遗产。无论是已经成为考古发掘出土文物的古代陶器，还是当代或实用或作为工艺陈设品的陶器，都经历了制作、流通、使用和废弃四个阶段，笔者将此过程称为陶器的“生命史”。研究陶器及其制作技艺绝不能孤立地看待其生命史的某一个阶段，而是必须采用系统论、整体论的眼光，将陶器生命史看作是一个动态的发展系统，综合分析该系统中自然生态因素和文化生态因素的作用。无论是考古学对古代陶器的研究，还是民族考古学、文化遗产领域对现当代陶器的观察，无论是对陶器生命史的整体性研究，还是对其生产专业化、标准化、流通方式或是技艺传承保护等专门方向的研究，都应该关注研究对象所处的、独特的文化及自然生态背景。同时，研究的时间范畴也不能仅仅局限于其现状，更应该尽量厘清其产生、发展至今的整个历史脉络，唯此方能归纳出其发展、演变的客观规律，提出有针对性的保护传承措施。

本书在实地调研的基础上，以西藏自治区日喀则市江孜县卡麦乡嘎益村、朗卡村（下文简称“嘎—朗村”），以及云南省迪庆藏族自治州香格里拉市尼西乡汤堆村陶器制作技艺为重点研究对象，运用比较研究的方法，在时间和空间上对以这两个制陶点为代表的青藏高原传统制陶技艺特点进行立体分析和解读。时间上，以文献记载和笔者的实地调查资料为基础，对两地陶器制作技艺的现状和历史进行梳理；空间上，从陶器生态学的角度分析、比较两地陶器制作、流通、使用及废弃的整个生命史过程，力图厘清影响该过程各阶段的诸文化、自然生态背景因素，为青藏高原传统陶器制作技艺的保护传承提供翔实有效的基础资料和依据。

第一章
青藏高原传统制陶的生态背景分析

1.1 西藏嘎—朗村制陶技艺的生态背景

1.1.1 建制沿革

制陶点嘎益村和朗卡村隶属于西藏自治区日喀则市江孜县卡麦乡。日喀则市位于西藏自治区西南部，因地处雅鲁藏布江上游“藏”地带，传统上称为“藏”，也有“年曲麦”“年麦”（意为荒芜之地）等称谓。公元7世纪，松赞干布为了加强统治，按照地理自然分布特征将所辖中部地域分为“卫”“藏”两大部分，以日喀则为中心，把东西部地区分为“叶茹”（今年楚河一带）和“茹拉”（今雅鲁藏布江上游沿岸）。1713年，达赖和班禅分别获得对前藏和后藏的治理权，以尼木和仁布中间地带为界，日喀则地区称为后藏。西藏和平解放后，中共西藏工委在日喀则地区分设日喀则、江孜两个分工委，1964年合并为日喀则专员公署，1978年改称日喀则地区行政公署。2014年，设立地级日喀则市，下辖桑珠孜区（市辖区）和谢通门县、江孜县等17个县。

江孜县位于日喀则市东南部，下辖江孜镇和卡麦乡等18个乡。“江孜”藏语意为“王城之顶”，“王”指吐蕃政权赞普后裔班古赞，“顶”即班古赞在宗山所建的宫堡式建筑物。历史上，雅鲁藏布江支流年楚河被称为“年堆”，分为年之上、中、下游三个区域，江孜县属上游地区，年楚河从县境东南流向西北。

江孜县历史悠久。唐初，江孜属十二小邦之一的娘汝等四小邦统治区。吐蕃地方政权建立以后成为吐蕃属部，为桂代、噶氏、琳氏和庆氏等大臣的领地。分裂割据时期，吐蕃赞普后裔卫松的后代班阔赞及其子孙割据统治江孜一带。班阔赞在宗山建宫堡，以“江孜”泛指年楚河一带。元萨迦地方政权时期，江孜属夏鲁万户府辖区，设乃宁千户府。元至正十四年（1354），帕竹地方政权在江孜建宗（相当于县）级行政单位，称“年堆江孜瓦”，为卫藏的十三大宗溪之一。明崇祯十五年（1642），甘丹颇章地方政权在江孜建大宗级行政单位。清代甘丹颇章地方政权继续在江孜设宗。民国时期，噶厦在江孜设商务基巧。1951年11月15日，中国人民解放军进驻江孜。1956年8月30日，设江孜基巧办事处，下辖8个宗办事处。1957年9月，各宗办事处撤销。1959年7月，江孜宗改为江孜县，并成立人民政府。1964年，江孜地区撤销，划归日喀则地区管辖。历史上，江孜曾发生过许多重要战事。1927年发生颇罗鼐与阿尔布巴间的“卫藏战争”。1904年，江孜民众发起反抗英帝国主义入侵的江孜保卫战，江孜被称为“英雄城”。

卡麦乡位于江孜县城北部，南部与达孜乡接壤，北部与日喀则市相接，东部与卡堆乡、纳如乡交界，西部与白朗县相邻。1959年成立卡卡区，1962年卡卡区红旗、五星、红光、达孜、藏改和楚古6乡组成新区，后改为卡麦区。1988年撤区并乡，将卡麦区红旗、五星和红光合并成卡麦乡。到2000年底，全乡辖嘎益、朗卡、那吾等12个村民委员会和12个自然村。[①]

制陶点“嘎—朗村”位于卡麦乡东北部，两村地理位置相连，均处于山前平地上（图1-1，本书所用图片，图3-35、3-36、3-37、3-38引自香格里拉文化馆总分馆数字服务平台“藏族黑陶烧制技艺”(xgllwhg.org.cn)，其余图片均为笔者拍摄），距离江孜县城40公里。

图1-1 嘎—朗村远眺

1.1.2 自然环境

江孜县位于喜马拉雅山脉中段北坡印度板块和欧亚板块缝合线典型地段。全境地形属藏南高山宽谷地地貌区。海拔3914—7191.1米，卡麦乡属4500—5000米之间的高原中低山地，山体由钢性较硬的硅质岩、混杂堆岩、粗砂岩等组成。出露基岩主要是硅质岩、混杂堆岩和粗砂岩等。在地质第三纪时，江孜河谷平原是雅鲁藏布江及其支流年楚河中游串联湖泊的组成部分，在青藏高原抬升和河流下切过程中形成了年楚河主要河流及其呈树状分布的水系，其在江孜县境内主要支流有龙马河、涅如河等。

江孜地处喜马拉雅雨影带，所处地理纬度本属亚热带气候，但受海拔高度、地形地貌等影响，形成了独特的高原温带半干旱大陆季风气候：空气稀薄干燥，冬春多大风沙暴；太阳辐射

① a.西藏自治区地方志编纂委员会总编，西藏自治区日喀则地区地方志编纂委员会编撰：《日喀则地区志》，中国藏学出版社，2011年。
b.江孜县地方志编纂领导小组编：《江孜县志》，中国藏学出版社，2004年。

强，光照条件好；气候垂直变化大，立体特征显著；寒冷期长，温凉期短，四季不分明。太阳辐射和光照强度大，年均日照时数为3189.9小时，光照非常充足。年平均气温4.7℃，最高气温26.5℃，最低气温-22.6℃，气温年差较小，日差较大。境内降水量不高，且季节差异大，降雨集中在6—8月，占年总降水量的91.4%，其他月份干燥少雨；全年降水日数为79.9天左右，年均降雨量284.5毫米，年均蒸发量2527.9毫米。干旱是江孜县突出的气候特点，卡麦乡所属的卡卡沟更是有名的老旱区。

江孜县境适宜种植青稞、小麦、豌豆和油菜等农作物。卡麦乡所属地带植被以高山草原、高山灌丛和高山草甸为主，但是稀疏、低矮且发育较差，主要以耐寒耐旱的禾本科、莎草科、蒿类植物和小蒿草群落为主。江孜县林业用地面积小，林木覆盖度低，蓄积量不高，其中卡麦乡1996年林地利用面积仅11.6公顷，占比（占土地面积）仅0.07%，其中有林地0.6公顷，灌木林11公顷，人均林地面积0.002公顷，占比和人均林地面积在江孜县排名倒数第四。①

1.1.3 经济与生计

截至2014年8月，朗卡村共有140户，常住120户，740人，均为藏族；有三户牧民，其中一户为纯牧业，另外两户半农半牧。农田土地面积1000亩，加上居住区大概3000多亩，光山4500亩。嘎益村68户，362人，其中常住61户；5户已搬到江孜县城，田地出租给同村人耕种；2户常年在外地务工。土地面积1300多亩，光山7000多亩。两村草场按人头分，人均约1.5亩。2001年因地下水渗进住房内，嘎益村有36户搬迁到年堆乡与车仁乡热顶村交界处居住，行政规划属于年堆乡。搬迁户的田地分给了嘎益村的其他村民。两村村民均为藏族，语言为藏语，少部分年轻人会说普通话。

嘎—朗村村内有20条小溪河用于农业灌溉，其中15条为下雨后雨水汇集自然形成，另外5条为人工开凿。过村水流长度约3500米。田地主要种植青稞（约占80%）、小麦、油菜及少量土豆、白菜和萝卜。村民们圈养的家畜主要是牛、牦牛、羊、山羊、马和骡子。农牧产品主要用于自家食用，基本不出售。外出务工者不多，售陶收入为其主要经济来源。

村里20世纪90年代通自来水，但水质较差，且仅在早、中、晚三个时段各供水约一个小时。2001年通电。2010年县交通局修通了村里通往卡麦乡的公路，但进村一段十余公里仍为砂石路。

嘎—朗村基本未发生过严重的自然灾害，最严重的当数冰雹，每隔一年基本会发生一次，另外也发过一些洪水，但房屋都没受到过严重损坏。

因地缘关系，嘎—朗村村民们彼此间交流频繁，相互通婚。两村虽然明确划分草场，但实

① 江孜县地方志编纂领导小组编：《江孜县志》，中国藏学出版社，2004年。

际上边界区域使用比较模糊，牲畜都会互窜，部分农田也交错在一起，且共用村后新水库的水资源。

1.1.4 宗教信仰及生活习俗

江孜县境内流传的藏传佛教主要教派有宁玛派、萨迦派、格鲁派和夏鲁派，另有苯教。宗教节日有藏历一月十五日白居寺升经幡、四月十五日白居寺跳神节、四月十八日白居寺达玛节和展佛节、四月二十七日重孜寺“重孜古仁”、六月十三日至十五日热龙寺古尔钦节等。日常除了念诵“嘛呢经”、转“嘛呢轮”、捻佛珠以及到寺院、圣地、佛塔等佛教建筑物和名山转经外，藏历每月八日、十日、十五日、二十五日、三十日，每家每户的家庭主妇要集中在“玉拉”即地方神所在地集体祭祀地方神。[①]

村民去世后以天葬为主，非正常原因逝者（因流行病、传染病等过世）行土葬和水葬。

嘎一朗村村民家庭结构大部分为兄弟共妻式一妻多夫制，一夫一妻制较少；嫁娶为主，入赘现象不常见。家中成年人分工明确，以嘎益村村主任多吉占堆家为例，兄弟三人老大担任村主任，老二和小儿子制陶，老三和大儿子在外务工；妻子、儿媳和未出嫁的女儿负责家务及农业生产。

女性及老年男性常穿传统藏袍，中青年男性除节庆外多穿现代服饰。传统饮食主要是糌粑、牛羊肉、青稞酒和酥油茶。青稞酒和酥油茶是藏民必备的两种饮品，不仅红白喜事、节日庆典时饮用，就连日常生活中也是必不可少，制陶者工作时身旁也经常放着这两类饮品。饮食结构中蔬菜所占比重非常小，种类仅有土豆、白菜和萝卜，均为自产。近几年白朗县的蔬菜大棚建成后，卡麦乡有一家商贩经常驾驶拖拉机到村里售卖蔬菜、鸡蛋及肉类，蔬菜短缺的情况有所缓解，但短期内也很难改变当地传统的饮食结构。

家庭住宅为院落式（图1–2），房屋为土木混合结构，个别人家新建的建筑为空心砖墙。主体建筑两层，第一层圈养牲畜、堆放杂物，一般不设窗户，开正门。正门一般朝向东、南，禁忌朝向天葬台；院落正门与建筑正门不同向，朝向另一边。第二层为居住生活区，正面的起居室开窗，其他房间一般不设窗户。中间部分为天井式，利于采光照明，有的人家用玻璃封顶后将此用作制陶或会客场所；房屋布置在天井四周，中间房间设经堂。建筑为平顶，顶部四周修筑高度及胸的女儿墙。所有人家均有院落，面积较大者在院落中搭建有牲畜棚、农用车库和杂物间等简易用房。

传统交通工具是牛、马、骡和驴等，1959年江孜县开始修建公路，逐渐实现了乡乡通路，现在嘎一朗村每天有班车直达县城，早出晚归。经济条件较好的人家也购买了摩托车、拖拉机

① 江孜县地方志编纂领导小组编：《江孜县志》，中国藏学出版社，2004年。

图1-2 嘎—朗村家庭住宅

和汽车等机动车辆。

1.1.5 制陶史

约在公元10世纪，嘎—朗村所在江孜卡卡沟一带便开始生产陶器，因其品种多、质量好而名扬江孜地区内外。和其他江孜民族手工业一样，制陶业自产生到清光绪三十年（1904），生产方式都主要为家庭副业形式，产品自产自销。1904—1959年，民族手工业逐渐从农牧业中分离出来，发展较快，为了加强管理，噶厦指定一名设在江孜宗的列参巴、下设两名官员负责管理。1959年民主改革后，经过技术、设备、加工工艺和人员结构等方面的改革与创新，产品种类有所增加，加工规模、销售范围逐步扩大，生产效益逐年提高。1980年，卡卡沟制陶收入10.5万余元。1981年，红旗公社（嘎—朗村属于该公社）成立34个制陶专业组，共有成员139名，全年实物收入折款17.38万元，现金收入4万元，人均创造价值达1516.7元。部分农民在农闲季节还以单门独户的形式进行陶器生产。产品销售东到林芝地区米林县，西至日喀则地区定日县和昂仁县，北达那曲地区，南到亚东县、岗巴县和定结县等。1995年，嘎益、纳午（即那吾）、纳嘎（即朗卡）村共289户，1790人。其中，制陶户达230户，占总户数的79.58%；制陶者257人，占总人数的14.36%；户年均收入达2300元以上。2000年，制陶户235户，制陶者268人。[①]

另一个制陶点，墨竹工卡县帕热村在历史上以烧制釉陶而著称，施有上等釉的陶器只有达赖喇嘛家族及达官贵族有权使用，并且普通的制陶者也不能制作这类陶器，只有手艺超群的制陶者或被政府选为“钦莫”的工匠头目才有权施釉。[②]

① 江孜县地方志编纂领导小组编：《江孜县志》，中国藏学出版社，2004年。
② 古格·齐美多吉：《西藏地区土陶器产业的分布和工艺研究》，《西藏研究》，1999年第4期。

1.2 云南汤堆村制陶技艺的生态背景

1.2.1 建制沿革

制陶点汤堆村隶属于云南省迪庆藏族自治州香格里拉市尼西乡汤满行政村。迪庆州位于云南省西北部，滇、川、藏三省（区）交界处，下辖香格里拉市、德钦县和维西傈僳族自治县。香格里拉市位于迪庆州东部，为州首府所在地，藏语意为“心中的日月”，原名中甸县，2001年改称香格里拉县，2015年撤县设市。香格里拉市下辖建塘镇和尼西乡等4镇7乡。

尼西，文献中也写作“泥西”或“泥锡”。汉代为白狼国属地，称“龙巴”，乃“绒巴”之转音，藏语“绒”意为河谷地区，“巴”为白狼人。元代以千户住地尼西称为“尼香千户”，藏语“尼”为太阳，“香”为出来，意为太阳升起来了，因日出早而得名。汉顺帝末期（120—131）归顺汉朝。直至隋，尼西一直是白狼部落生活之地。唐贞观八年（634）吐蕃占领滇西北唐羁縻州神州地，屯兵驻守于此并设神川都督府。为了加强防卫，在金沙江上建造神川铁桥，在今香格里拉古城“独克宗”和维西塔城“刺布宗”建立铁桥东西二城，并在周围修建多个寨堡，史称“铁桥十六城”，尼西为神川都督府辖地、“铁桥十六城”之一的“龙巴宗”。唐末，吐蕃军事主力退出迪庆，尼西被吐蕃留下的巡边军官割据，成为“散地”。元至元三十年（1293），尼西属吐蕃等路宣慰使司都元帅府。元末至明初洪武四年（1371），西藏帕木竹巴政权势力到达迪庆，尼西亦随之归属西藏管辖。明成化六年（1470），尼西被丽江木氏土司占领。清康熙六年（1667）八月，蒙古和硕特部占领今香格里拉县境，设立独克宗。康熙五十一年（1712）允准建塘免派宗官、自行管理，全县分五境，龙巴为一境，以千总驻地“尼西”冠名为尼西境。雍正元年（1723）中甸被收归云南，雍正五年（1727），设置流官州判，添设剑川州州判一员驻中甸，属鹤庆府，县所属称为五境，尼西称尼西境。雍正六年（1728），派维西协右营分防，下设3汛19塘6卡，尼西为19塘之一。民国中甸改县，尼西改为第四区，民国二十九年（1940）尼西与东旺、格咱合编为宜旺乡。1950年中甸和平解放后，设尼西区，辖汤堆等三个行政村。1988年改为尼西乡。2010年底尼西乡下辖幸福、汤满、新阳和江东四个村民委员会，47个村民小组。

汤满村地处尼西乡东部，东邻建塘镇，南接江东村，北为新阳村。距尼西乡政府所在地崩书塘8千米，距香格里拉市40千米。214国道贯通全境，226省道折向而行，交通非常便利。汤满村元代为泥香千户降木衣日、科木衣日两个百户地，清康熙后为汤堆得本，辖汤堆、西木谷等11个村，雍正五年（1727）得本改为汤堆土把总，辖汤堆、汤满等7个自然村。民国为汤堆把总地。1950年5月中甸和平解放，设尼西区汤堆行政村。1988年改为汤满行政村。2000年改为汤满村民委员会。[①]

尼西自唐以来就是滇藏茶马古道要冲。公元7世纪，吐蕃南下打通了以神川铁桥为中心的滇藏交通要道。宋代，“茶马互市”以独克宗为中心，南达大理、思茅，北到芒康、巴塘和理塘。明代，木氏土司占领中甸后，滇藏贸易持续发展，市场和商品流向形成一个传统的经济区域，滇商每年从丽江、中甸将茶、糖、粮食、铜器和铁器等特产运到康南及江卡、盐井销售，又从当地运回羊毛、皮革和药材等商品。清康熙年间，允准达赖喇嘛在中甸互市，滇货有茶叶、粮食、红糖、火腿、铜器和铁器等，藏货主要有羊毛、牛、马、羊、皮货、药材和毛织品。雍正年间，贸易以牲畜和茶叶买卖为大宗。清光绪年间，松赞林寺喇嘛商也参与到贸易中来，并日益壮大，松赞林寺旁仅大货栈就有30余所，被称为“巨商堡垒”。抗日战争时期日军占领缅甸后，中国东南的国际补给线被封锁，只能靠滇藏运输补给，茶马古道贸易更加兴旺。茶马互市使得滇、川、藏三省（区）商贾云集中甸，中甸成为三省结合部重要的交通要道。古驿道有五条，南路为进省道；西路为进藏路，为“茶马互市”之西线；北路为进川道，为滇、川、藏“大三角”茶马古道之一；东路至木里；中路至维西路。[②]清杜昌丁撰《藏行纪程》记：过大中甸“行二十里至箐口……五十里至汤碓……又行五十里至泥西”。[③]《三省入藏程站记》也有相同记载：过大中甸“二十里过箐口，又五十里至汤碓。九十里至桥头。五十里过泥西，一作泥锡，四十里至金沙江边桥头”，后经崩子栏、杵臼、龙树塘、阿敦字、多木、桥头西岸、梅李树、雪山腰、雪山顶、雪山麓、甲浪、喇嘛台、必兔、多台、煞台、江木滚和札乙滚等地到达“瓦和，与川省路合”，再经嘉裕桥、洛龙宗、硕般多、巴里郎、拉子、丹达、墨竹工卡、德庆等地到达拉萨。[④]又据清黄楙材撰《西辅日记》记载，尼西也是巴塘到腾越（即腾冲）的必经之地“自巴塘至腾越……巴塘南行，经六玉、奏堆至中甸厅……向正东行，上陡坡，三十里过纸坊塘，又二十里至泥溪，地势开洋，居民二百余户”[⑤]。而茶马古道的一条小道就从汤堆村向卡小组经过。

汤堆为藏语音译，因地势而得名，“汤”意为坝子，“堆”为上面，“汤堆”即“上面的坝子”。有村民158户，800余人，分为上、中、下三组（村），上组又分为向卡、马茸谷（木茸谷）、角西（宗司）、那木古（南木）四个小组（村），中组为都希谷组（村），下组为西

① a.迪庆藏族自治州地方志编纂委员会：《迪庆藏族自治州志》，云南民族出版社，2003年。
b.香格里拉县尼西乡乡志编纂委员会：《香格里拉县尼西乡志》，云南科技出版社，2015年。

② a.香格里拉县尼西乡乡志编纂委员会：《香格里拉县尼西乡志》，云南科技出版社，2015年。
b.云南省中甸县志编纂委员会：《中甸县志》，云南民族出版社，1997年。
c.中甸县人民政府：《云南省中甸县地名志》，四川成都西南民族学院印刷厂，1986年。

③ （清）杜昌丁撰：《藏行纪程》，吴丰培辑：《川藏游踪汇编》，第39-57页，四川民族出版社，1985年。

④ 范铸编：《三省入藏程站记》，吴丰培辑：《川藏游踪汇编》，第415-437页，四川民族出版社，1985年。

⑤ （清）黄楙材撰：《西辅日记》，吴丰培辑：《川藏游踪汇编》，第285-301页，四川民族出版社，1985年。

木谷组（村）。村民民族成分构成较为单一，除极个别汉族和纳西族外，其他均为藏族。日常交流使用藏语，少部分人会说普通话或云南方言。2011年，因其突出的历史价值和独具特色的民族风情，汤堆村先后被列入云南省级历史文化名村名录、第三批中国传统村落名录和第二批全国乡村旅游重点村名录。

1.2.2 自然环境

尼西乡位于三江褶皱系收敛部东缘过渡带，地层变质作用比较明显，但变质程度较低，岩相为典型的地槽到台地型的过渡沉积，地槽型沉积岩性为碳酸盐岩、碎屑岩及基—中酸性岩浆岩，台地型沉积为巨厚碳酸盐岩石。整体地形北高南低，最高海拔巴拉格宗雪山5545米，西南部金沙江沿岸海拔最低1956米，海拔高差达3589米。高山和峡谷是尼西的典型地貌特征。汤满村民居分布于汤堆、汤满两块地势稍平的坝子、山坡及汤满河两岸的半山区、山区，村委会驻地海拔2678米。境内河流属金沙江水系，有金沙江、岗曲、汤满和吴西隆四条河流，但距离汤堆村均较远。

尼西地处青藏高原东南缘横断山区纵向岭谷三江并流区腹心地带，为典型的干热河谷地带。气候主要受西南季风和南支西风急流的交替控制；又因海拔高差较大，垂直立体气候明显，随着海拔的升高，依次有河谷亚热带、山地暖温带、山地温带、山地寒温带、高山亚寒带和高山寒带六个气候带，小气候、小环境交错镶嵌。年平均气温也随海拔升高而递减。全境年平均气温6.2℃，最冷1月平均-2.9℃，最暖7月平均13.9℃。汤堆村因地处河谷地带，气温稍高，年平均气温16℃，最冷1月平均6—8℃，最暖7月平均20—24℃。无霜期124天。总的气候特征是冬长无夏、春秋相连，冬季平均166天左右，春秋季平均198天左右。

境内年降水量503毫米，河谷地带400毫米，最低仅有200—300毫升。6—10月降水量占全年总量的80%—90%。年均降水日70—120天，7—8月降水日最多达40—48天，6月和9月降水日达36—40天，11月至次年2月降水日最少，月均小于5天。降水以小雨（≤10毫升/日）为主，暴雨（50—100毫升/日）极少发生。河谷地区水面蒸发量1963.9毫升，陆面蒸发量1472.8毫升，陆面蒸发量相当于降水量的4倍左右。全年干燥度为4.70克/立方米。

汤堆村所处河谷地带受山峰遮挡，年日照时数约1900个小时，日照率40%—44%，最大值约2200小时。日照时数的季节分配最大值出现在冬季，最小值为夏季，6—10月日照时数约占全年的30%，11月至次年5月约占全年的69%；以12月份为最多，约250个小时，7月份最少，约120个小时。

尼西乡林业用地面积1 044 769.5亩，其中有林地803 791.5亩，森林覆盖率达63.42%；疏林地315亩，占林业用地面积的0.03%；灌木林地205 963.5亩，占比19.71%；无立木林地169.5亩，

图1-3 汤堆村远眺

占比0.02%；未成林造林地22 456.5亩，占比2.15%；宜林地12 073.5亩，占比1.16%。[①]

汤堆村的居住区位于山前平谷地带（图1-3），海拔约2820—2980米，地势相对较低。植被为稀疏的灌丛带，但村落四周均为高山，属暖温性针叶林带，以云南松林为主，常见樟树、栗树、松子树和柏树等。

1.2.3 经济与生计

1966年，汤堆村有村民62户，320人。其中向卡10户，49人；那木古5户，29人；马茸谷11户，64人；角西4户，32人；都西谷11户，54人；西木谷21户，92人。[②]2009年，增加到136户、713人。其中上组72户，361人；中组32户，176人；下组32户，176人。2016年人口普查数据，汤堆村村民157户，806人。其中上组74户，388人；中组34户，177人；下组49户，241人。

汤堆村的产业结构比较简单，有第一产业的农业、林业、养殖业和副业，第二产业的制陶业，第三产业的商业、旅游业和运输业。农业和养殖业的产品基本都是自产自销，出售的很少。马铃薯的产量很大，以前村民们会将吃不完的马铃薯运到金沙江沿岸的村子交换大米，两斤马铃薯可换一斤大米，但现在即使吃不完也会留着喂养牲畜。制陶业是家庭收入的主要来源，约占六七成。其次是以野生菌采集为主的副业，但季节性较强。2008年，主要分布在云南省迪庆藏族自治州香格里拉县尼西乡汤堆村等地的陶器烧制技艺（藏族黑陶烧制技艺）被列入第二批国家级非物质文化遗产名录后，汤堆村陶器在国内外的知名度日益提高，该村成为远近闻名的旅游村，很多村民开设了农家乐，或是在214国道路边开办饭馆、陶器商店，旅游业成为

① a.迪庆藏族自治州地方志编纂委员会：《迪庆藏族自治州志》，云南民族出版社，2003年。
b.香格里拉县尼西乡乡志编纂委员会：《香格里拉县尼西乡志》，云南科技出版社，2015年。

② 香格里拉县尼西乡乡志编纂委员会编：《香格里拉县尼西乡志》，第131页，云南科技出版社，2015年。

村民重要的经济来源。外出务工的村民不多，而且随着汤堆村陶器知名度的提高，有很多务工人员返乡学习制陶。

农业用地分布在村内民居周围及村落周边的山脚平地，上组耕地共509.7531亩，其中水浇地270.6794亩，旱地239.0737亩；中组耕地共182.2亩，其中水浇地118.2亩，旱地64亩；下组耕地308.318亩，其中水浇地230.5亩，旱地77.818亩。每户平均大约5—7亩地。由于地处高海拔山区，气温较低，适宜种植的农作物品种不多，主要有青稞、小麦、荞子、大麦、燕麦、玉米和马铃薯等。

每年七八月份，村落周边的山上盛产各种野生菌，以松茸最为名贵，其他还有青杆菌、一窝菌、鸡纵、扫把菌、樟子菌和白毛菌等。村民们每天凌晨三点左右即上山采菌，直到中午时分方才返家。家中除了行动不便的老人、年龄较小的孩子，其他人基本都参与到采菌队伍中。在野生菌产量最高的几日，有的制陶者也会先暂停制陶而上山采菌。所获菌类，品相低的多自家食用，吃不完就晾干保存；品相高的特别是松茸一般都会出售，每天中午时分收购商便来村里固定的几个地点收购。有的年轻人甚至通过淘宝、微信群等网络平台售卖野生菌。

汤堆村的生活及农业用水均为来自山上的泉水。以前是用木桶到村子南部的山上背水，20世纪80年代，修通了贯穿全村的农业灌溉水渠，源头在汤堆村东南部的哈拉村。水渠修在村内主干道旁，沿主干道从东南向西北一直流向下组的边界白塔群。20世纪90年代，村里还在水渠流经的上组村委会及中组卫生所附近修建了两个公共蓄水池，为水渠下游供水，并在村里缺水时提供紧急供水。为合理统筹农业用水的使用，村里规定以组为单位、每三天轮换放水，统一设置放水时间，各组村民到时间自行前往取水，三天后再换另一组放水。同时，还修建了通往各家各户的自来水管道以解决村民日常生活的用水问题，水源在距离村子两三公里处的水库。生活废水都通过下水管道排入农田。

汤堆村交通非常便利，2012年前后相继建成的三条村级公路与226省道连通，226省道在村北部与214国道连接。经省道向西可到汤满村、木母局村、借衣村和塘浪顶村，国道向南可达香格里拉市，往北可到西藏。

1.2.4 宗教信仰及生活习俗

公元前约7至8世纪，苯教传入滇西北地区，发展到宋元时期曾盛极一时。元末明初，藏传佛教宁玛派、噶举派传入，噶举派在丽江木氏土司的支持下得以兴盛。清康熙十三年（1674）青海蒙古和硕特部及西藏以达赖五世为首的格鲁派对罕都及噶玛噶举派、苯教展开围剿，尼西境内大部分噶举派僧侣改宗格鲁派。达赖五世还在中甸选址建成格鲁派寺庙噶丹・松赞林寺。尼西在松赞林寺建有龙巴康参（即僧团）一院，是松赞林寺中喇嘛最多的康参。尼西居民的宗教意识特别强烈，家中有儿子的首选当喇嘛，所以每家必有一两人当喇嘛，多者达三四人，最多时尼西康参有273名喇嘛。2003年尼西有僧侣194人，占全乡总人口的4.2%。此外，苯教的多神信仰、占卜问卦、禁忌讲究和招福祈福等仍对尼西藏民的生产生活产生着深刻的影响。[①]

汤堆村民基本是全民信仰藏传佛教，每月初一、初八、十五和三十均在村内的公共佛堂和白塔举办佛事活动。佛堂有两个，其中一个作为老年协会的活动中心。白塔较多，上组、下组各有四个白塔群，中组有两个。白塔均为村民自愿出资、自行修建，或独资或全体村民筹款。每月初一、初八和十五要转白塔念经，一般是晚上收工以后去转。每家都有一棵神树以保佑一家人平平安安。神树由喇嘛选定后认领，一旦认领其他人都不能再伤害这棵树。喇嘛还会给每家的神树选定烧香的日子，每年要烧两三次。

村民去世后行水葬、火葬、土葬或天葬，其中以水葬为主，大概有70%的村民都采取水葬，水葬地点在汤满河或金沙江。火葬为非正常死亡原因逝者的埋葬方式，土葬以向卡小组村民为主，只有喇嘛特别是高僧才能天葬。未成年的小孩子去世，施行以大土锅为葬具的瓮棺葬，在山上挖一个洞埋入。普通人正常去世后采用水葬还是土葬，取决于本人或亲人的意见。过世当天家中要点一千盏酥油灯，连点七天七夜。村民们认为人在刚过世时，尚不能接受自己已经离开人世间的事实，所以要用点酥油灯的方式安慰他、陪伴他直到下葬。停灵时遗体放置在家中起居室正中顶梁柱旁，头朝窗户，下面垫一层薄毯。停灵的时间不固定，要请活佛来看日子后再出殡。过世的第二天要将村里所有的喇嘛请到家中念一天经。水葬是将逝者送到江边，请专人肢解后葬入江水中，寓意人死后将自己的身体捐献给江里的鱼、虾和水草等动植物。入葬后在江边将棺材砸烂焚烧。棺材为木质，纵向长方形，长约0.7—0.8米、高约1米，专门请村里建房的木匠来制作，有的老人会提前制作好备用。向卡小组村民去世后全部施行土葬，为竖穴土坑墓，棺材为横向长方形，葬式为仰身直肢葬，头朝向高山峻岭，面向雪山、森林或水等清澈干净之处。地面堆垒坟丘，坟前不立墓碑。过世后12个小时入殓，停灵后葬入向卡小组后山的家族墓地。墓地中墓葬从山脚往山顶延伸，即辈分越高的墓葬位置越靠山脚，夫妻为并穴合葬。其他小组（村）的村民去世后若采用土葬，埋葬的具体位置可以请人来测算也可以家人自行选择，在山上挖一个深坑埋入即可，不实行家族墓地，也没有地面标示，亲人依靠口口相授的方式记住墓葬位置。棺材与水葬者一样。葬式采用屈肢葬，双手交叉置于胸前，双腿并拢向胸前蜷起，然后用绳子绕过脖子把双腿绑到胸前。入殓时不穿衣服，即模仿胎儿在母亲子宫中的姿势，寓意去世后回归到原初的样子。棺材中会放一两件随葬品，主要是念珠。葬礼上会请喇嘛来念经。送葬的亲朋好友返回到丧家后，丧家要招待大家一起吃中午饭，必备的是猪肉汤，席间上、中、下三个组都要选派代表致辞，总结逝者的一生，同时夸奖或指责丧家子孙对待过世老人的言行，类似于追悼会。此时要在院中或院外的空地上搭一个棚子，里面

① 香格里拉县尼西乡乡志编纂委员会：《香格里拉县尼西乡志》，云南科技出版社，2015年。

放一张桌子，供奉酥油茶壶和酥油灯。汤堆村曾经有过土葬后再改为水葬的情况。若是行土葬，每年除夕、正月初六以及清明节，家人会带一些食物、香和酥油灯到坟前扫墓，每座墓前点一盏酥油灯，还要放一块石头。有的人家到了晚上会将酥油灯收回家中。

汤堆村最重要的节日是农历新年即春节。过年期间不劳动，村民们轮流到村中各家吃饭，除夕到初三都是吃火锅，菜必须有牛肉，其他随意，所以村中每户人家都备有两三个陶火锅。上、中、下三个组各有自己的神山，初一、初二和初三要到神山烧香、挂经幡，初一是男性去，初二是女性去，初三则是全村人一起去。挂经幡的柱子要到村旁的山顶上砍，砍六根，三根插在家里，三根带到神山。春节期间还要举行晚会、篮球比赛等活动。向卡小组村民除夕晚上还要到后山祖坟磕头、上供祭祖。正月十五举办开山活动，即到尼西乡大神山“崩车”转山。制陶户在这一天还要制作陶器，之后即可开始新一年的各项劳动。藏历新年期间最重要的活动是到松赞林寺给喇嘛拜年，听其念经、说法。

汤堆村村民的家庭结构大部分为主干家庭，即由一对已婚子女和其父母、未婚子女、未婚兄弟姐妹构成的家庭。家中子女成年后，除长子或长女（向卡小组是长子）继承祖房、赡养老人外，其他孩子无论男女均出嫁，现在也可以选择自立门户。入赘的情况比较普遍，且都是自愿入赘，所组成的家庭都是女性担任家长，入赘的男方也不会受到任何歧视。部分藏族村民在上学后由老师取了汉族名字，分别姓郭、杨和孙。村民中大部分都有亲戚关系，农忙时节或遇红白喜事、建新房时都会互相帮忙，特别是葬礼，全村的男性都会去参加，过春节时也会在一起欢度。

汤堆村民的食物均为自家种植养殖。日常主食，原来是将青稞、小麦、荞麦和玉米磨成粉后做粥、粑粑或糌粑。蔬菜主要是自家种的蔓菁和山上的野菜。现在的食物种类更加多样，也常吃米饭，蔬菜主要是白菜和土豆，蔓菁除了腌制酸菜外都用于喂食牲畜。肉类主要是鸡肉和猪肉。猪肉一般都会腌制，有的还会熏制，以便长期保存。房间较多的人家甚至会专辟一间用于挂肉，多位于建筑顶层，便于通风晾干肉类。最有特色的当属“琵琶肉”，系用整条猪腌制，先将猪的内脏、骺骨取出，整身涂抹盐、花椒粉和酒等调味料后将腹部缝合，压上石板腌制一段时间，再吊起来阴干，至少腌制一年后方可食用。若不切开，“琵琶肉”可保存三四年不坏。食用时，煮、炒或蒸均可。牛一般会长期养殖，用于产奶制作酥油和奶渣。菜类以煮食为主，炒菜不多特别是肉类很少炒制。

酥油茶是当地藏民传统的饮品：“酥油茶者，即以普洱景谷之茶，熬成浓液，倾入木桶，入以酥乳，食盐，以木杵尽力捣搅，必至水酥交融，茶盐合味成一种不可分辨之粉红色液体，即天台判教之所谓由般若而至法华如转熟酥成醍醐也。凡藏族男女僧俗，但一见酥油茶，即如见其父子兄弟夫妻师友，其胸中已自悦乐，若一入口，则其辛苦忧郁恐怖疑惑完全冰释，如因我佛甘露焉。”[①]但现在，汤堆村民并不常喝酥油茶，主要是喝清茶，亦即放了少许盐的茶水。酒有两类，一类是甜酒，以青稞为原料，先炒再煮之后晒干放置到酿酒器中撒上酒药、加水，密封放置三四个月后即可饮用，有的人家甚至放一年。另一类是白酒，以青稞和玉米为原料发酵一个月后上锅蒸馏。蒸馏时，将热水和发酵好的青稞、玉米和酒曲放在铁盛锅中，将内置陶承酒罐的陶蒸馏器安置在锅顶，其上再放一个盛有冷水的铁锅。点火后在铁盛锅、蒸馏器和冷水锅的连接处各涂抹一圈玉米面密封，以防止蒸汽外泄。随着温度增高，铁盛锅中升起的酒蒸汽在冷水锅底凝结为酒液滴入承酒罐中。冷水锅中的水有热度后需用瓢舀出再更换凉水，一个小时左右更换六七次之后，一锅酒即蒸馏完成。

汤堆村住宅选址不讲求本家聚集，哪里有合适的空地就请活佛测算并确定开工日期即可建房。住宅多沿村内主干道或水渠分布，多建于西部、中部地势较平坦处，东南部地势逐渐增高，多建于山坡上。住宅多为院落式布局，院落正门朝向不统一，系专门请喇嘛根据各家情况测算方位，一般朝向本村神山或太阳升起的东方或有水的方向。主体建筑正门需改朝其他方向，不能与院落正门同向。主体建筑为土木混合结构的藏式碉楼，为了保暖外墙夯土较厚，一般有半米以上。墙体外涂白。传统建筑的平面为“凹”字形，高三或四层。一层一般圈养牲畜、堆放杂物；二层为老人、主人及未婚女性卧室和起居室及粮仓，新婚夫妇也住在二层，女厕所设在本层；三层为未婚男性及僧侣卧室和起居室、佛堂，男厕所设在本层；四层为储藏室，空间较矮，并非完整意义上的一个楼层。佛堂必须位于最高层，且是最干净的房屋，朝向和正门的朝向一致。也即强调男女有别，女性绝对不能住在三层。也有的人家不强调男女分层居住，厕所也不分男女，只强调长幼之序和僧俗有别。20世纪90年代以后新建的主体建筑多为方形。

已经脱粒的粮食多储存于住宅二层的侧室，称为粮仓。未脱粒的储存在室外，有禾晾和“木垒房”两类，后者为井干式禾仓。私人禾晾位于自家院落旁平坦、开阔处，几户共用的大型禾晾一般位于田地间、路边等空旷处，分为数间，每户一间。井干式禾仓较少，均为私有，位于自家大门前。木材是当地重要的制陶及生活燃料，也需要储存堆放，既有公用的也有私人的，后者一般位于自家院落或禾晾一侧通风的地方。

向卡小组的村民比较特殊。据洛桑扎西（汉名张诗儒）介绍，向卡小组所在地清代时曾设立关卡，是到香格里拉、西藏的必经之地，故名“向卡”，即“哨卡”之意。向卡小组村民的先人可能是驻守兵卡的汉族人，也有部分是来自上桥头村的汉族。向卡小组副组长七立培楚提到，村中也有老人说祖先可能来自南京，村民们的一些称谓与南京方言极为近似，如称“奶

① 段绶滋纂修：《民国中甸县志稿》，《中国地方志集成·云南府县志辑·民国中甸县志稿·民国维西县志》，凤凰出版社、上海书店、巴蜀书社，2009年。

奶”为“阿婆”、“嬢嬢”为“阿嬷”、“哥哥”为“大大”等。中华人民共和国成立后登记民族成分时其随汤堆村其他村民一起记为藏族，但汤堆村其他组的村民仍称向卡小组为“汉村”。向卡小组最早仅有杨、张和冯姓三户，如今已发展为二十多户人家，村民除源自祖先的汉族姓氏外均取有藏族名字。村子后山上有两处家族墓地，张、冯两家共用一处，杨家单独一处。山脚下还建有一座土地庙供奉，被称为“汉庙”。村民传说最初是丽江的天王修建的。

1.2.5 制陶史

迪庆一带的陶器制作有着悠久的历史。据1939年《民国中甸县志稿》：“中甸工业落伍，现虽有木工、石工、窑工、垩工、铜工、铁工、缝工、织工、纸工、陶工……陶工能制摇壶，谓之摇具，专以乘酥油茶。”[1]又《（民国）中甸县纂修县志材料》中卷第十二《工业·陶业》载：“查县属地居寒带，陶业一项，仅系瓦、罐，用碎土和泥，将瓦砖、花盆形势制备，即置入窑场顺次排置，下用火烧连日数夜，试其火法，上顶用土盖备，中留孔，周围引水，俟其火法匀宜，则引水以避之，数日后取出备用。惟天时酷寒，收效无多。土罐、土锅制好后，用草熏烧，即作器物。”[2]该书所附《云南省中甸县工业调查表》中记：

表一 《云南省中甸县工业调查表》节录

物品名	地址	缘起及沿革	现在制造情形
土锅 瓦砖 土罐	泥西境、东旺甲 江边、本城 泥西境及东旺八甲	查该境土质最润，制造土罐销于江边，大、小中甸，咱格，泥西。 瓦，江边烧者最多。本城所需之瓦，亦由外请来制之。	查此项土物土产只东旺、泥西二境为宜，延艺师制之，并相传于兹，渐渐普及。瓦砖应由邻县延技艺制造之。

中华人民共和国成立后的地方志中不再见对东旺甲一带制陶情况的记录，据汤堆村制陶者的说法，是因为东旺的陶土原料更少且日渐匮乏，当地的制陶者失去了制陶最重要的原材料便逐渐放弃了这一技艺，直至消失。

中华人民共和国成立前，汤堆村木茸谷、西木谷和都吉谷三个自然村的30余户村民几乎每户都做陶器，制陶户被称为“土锅家”。陶器制作虽一直处于个体零星生产的状态，但在当地久负盛名，主要生产酥油茶壶、土锅、火锅、火盆和酥油灯等，产品销往中甸、德钦和维西，少数远销丽江和西康等地。每年售陶的收入都占全年总收入的一半以上。

---

① 段绶滋纂修：《民国中甸县志稿》，《中国地方志集成·云南府县志辑·民国中甸县志稿·民国维西县志》，凤凰出版社、上海书店、巴蜀书社，2009年。

② 和清远修，冯骏纂：《（民国）中甸县纂修县志材料》，和泰华、段志诚校注：《中甸县志资料汇编》，中甸县志编纂委员会办公室，1992年。

1950年，汤堆村有31户制陶户。1958年，进行手工业社会主义改造，组建尼西土陶生产合作社，但生产极不正常。后来在“以粮为纲”方针政策指导下，土陶生产合作社瓦解，仅有三四个制陶者还在坚持制陶。1961年，贯彻中央“调整、巩固、充实、提高”的方针，生产队组织了孙诺七林、格玛定主等7位制陶者进行陶器生产，个人承包按件计分，产品由商业部门统一收购、销售。但是所计工分低，制陶者的生产积极性并不高，据不完全统计，上半年生产陶器23 906件。另有17个制陶者利用早晚农闲时间私下制作陶器，大部分自产自销。1962年，再次成立尼西陶器生产合作社。1963年后，明令禁止私人制陶，制陶者们便将生产转入地下，仅在晚上制陶，制陶时垫着软布以防止发出声响，阴干也在家中隐蔽处进行，之后将陶坯放入家中取暖、煮食物的火塘中烧制。陶器制好后走夜路偷偷运到县城出售以换取粮食、酥油和肉类。当时一个酥油茶罐卖0.5到1元，一个土锅卖两三元，一个火锅卖五六元。“文化大革命”期间，陶器生产基本停滞。1978年县政府拨款5000元扶持尼西土陶社的生产。当时有10户制陶户，30位制陶者，年产陶器3.2万件，产值3.47万元，户均收入4000元左右。20世纪80年代初，合作社改为个体承包经营、家庭生产，陶器产品成为市场上的抢手货，有供不应求之势，且逐年增长。由于制陶能带来可观的收入，制陶户随之增加，至20世纪90年代已有60多户，户均年收入8000元左右。1999年，制陶者孙诺七林被云南省文化厅、省民族事务委员会授予“云南省高级民间美术师”称号。2001年香格里拉品牌落户中甸后，旅游业日益兴旺，陶器也逐渐成为旅游纪念品，功能由生活用品向工艺美术品、旅游纪念品转变。2004年开始，汤堆村个别制陶者陆续成立了陶器生产工厂、公司或示范基地，陶器生产步入公司+基地+农户的发展模式（详见下文）。制陶者与外界的接触、学习也越来越多。2005年底，全村140余户中，有约80户从事制陶业。2006年9月，孙诺七林制作的火盆、酥油茶壶和茶罐被中国国家博物馆收藏。2007年政府再次投入33万元扶持汤堆村陶器生产。2008年，国务院颁布第二批国家级非物质文化遗产名录，以汤堆村陶器为代表的云南迪庆藏族自治州陶器烧制技艺（藏族黑陶烧制技艺）名列其中。2009年，汤堆村有80多户制陶，146位制陶者，年生产销售额最高可达六七万元，一般的两三万元，低的五六千元。产品主要销往迪庆州境内及周边地区，少量销往外地或国外。同年5月，孙诺七林被国务院文化行政部门评为第三批国家级非物质文化遗产陶器烧制技艺（藏族黑陶烧制技艺）项目代表性传承人。[①]2018年5月，当珍批初入选第五批国家级非物质文化遗产陶器烧制技艺（藏族黑陶烧制技艺）项目代表性传承人。

2017年笔者调查期间，汤堆村近80%的人家都在制陶，中组和下组村民制陶历史比较长，上组在近几年也开始制陶。制陶者每年的收入在3到8万左右，约占家庭总收入的七八成。

---

① a.迪庆藏族自治州地方志编纂委员会：《迪庆藏族自治州志》，云南民族出版社，2003年。
b.香格里拉县尼西乡乡志编纂委员会：《香格里拉县尼西乡志》，云南科技出版社，2015年。

第二章 西藏嘎—朗村传统制陶

2.1 嘎—朗村陶器制作技艺

2.1.1 制陶原料及其制备

嘎—朗村制陶所用制陶原料有陶土、染料及燃料等，除了少数制陶者会通过购买或以物易物的方式获得牛粪、草皮等燃料外，其他所有制陶原料均为就地取材。

2.1.1.1 陶土

陶土产自嘎益和朗卡两村之间的达堆山，距离村庄非常近，部分村民的院落就建在山脚下，取完土当天即可返回，经验丰富的取土者半天时间即可完工。陶土资源为两村共有，附近的那吾村及嘎益村迁到外地居住的制陶者需要用土时也可免费来挖取。一般是制陶者亲自上山挖取陶土，家中其他成年男性也会协助完成。选土全凭经验判断，因陶土距离地表很浅，用锄头即可挖取。村民每次一般挖两个尼龙口袋的量，用毛驴或马驮回。春、秋两季陶土容易找，夏天下雨后便不好找，冬天土则会被冻住。所以家中有专用储存空间的制陶户会在春、秋两季挖取足够半年使用的陶土储存。因当地气候干燥，土壤含水量很少且结构疏松，故一般不需晾晒、捣碎，挖出后即可在山上进行第一次筛选（图2-1），去除其中的大小石粒、植物根茎叶等杂质。陶土筛选均为干筛，未经淘洗、沉淀。第一次筛选的筛网孔径较大，约0.3—0.4厘米。

图2-1 第一次筛土

大部分制陶者使用具有一定黏性的红褐色土、灰白色土和黄褐色土三种混合而成的陶土，

图2-2 第二次筛土

图2-3 揉泥

图2-4 锤泥

也有的制陶者只使用前两种土。红褐色土名为diwu ri sur（音）[①]，产自山脚；灰白色土称为giep ri，产自后山；黄褐色土称为bawu mar zi，产自前山。红褐色土比较粗糙、可塑性差，灰白色土比较细腻、可塑性好，如果只用前者制陶器物会比较粗糙，只用后者则陶器易开裂、破碎。黄褐色土很软也不能单独使用，添加黄褐色土是为了使器物更加光滑细腻。红、灰、黄三种土的比例为2∶1∶1，若是前两种土则为1∶1。但这并非绝对固定的陶土配方，制陶者也会根据所制陶器的特征灵活的调整比例：制作小型器物时稍微增加灰白色土和黄褐色土的占比，制作大型器物则适量增加红褐色土。制作擦擦的陶土比较特殊，其特点是细腻，如果使用红褐色土需要筛四次，但最好的擦擦陶土是专门用于制作佛像的土（sa qin，意译为大土；和泥后称为dak qin，意译为大泥），取自卡麦乡麻加村。制作大佛像时会在其中掺草和包砖茶的黄纸，做擦擦时不能添加任何物质且需筛选三次以保证其细腻性。嘎—朗村制陶不使用羼和料，均为泥质陶。

西藏其他制陶点的陶土也均取自本村附近，一般不会超过10公里的范围。曲松贡康萨乡和桑日绒乡平穷村只用一种黄色土；察雅摩登村用黄、黑色陶土以1∶1的比例配合；定结波罗村用黑、白、红色三种土以1∶2∶2的比例混合；尼木县彭岗的陶土质地最差，需要五种粗细不同的砂黏土混合。羼和料主要有砂粒和烧土，砂粒多经粉碎、筛选，粒度较均匀，大约在0.1—0.2厘米左右。羼和料的比例洛隆县为10%左右，其他制陶点则更加随意。[②]扎囊县杂玉村的羼和料为石英粗沙或云母矿砂。[③]

筛好的陶土驮回家后，若家中有专用的储藏空间便进行第二次筛选，以便存储备用，若没有储藏空间则将其连袋子一起放在一层杂物间暂存，待制陶前再进行第二次筛选（图2–2）。因

① 本书藏文音标由西藏自治区文物保护研究所夏格旺堆先生、旦增白云女士协助标注，特此致谢！下文注音均为藏文音标。

② 古格·齐美多吉：《西藏地区土陶器产业的分布和工艺研究》，《西藏研究》，1999年第4期。

③ 杨娅、周毓华：《非物质文化遗产视野下西藏传统陶器制作的传承与发展——以扎囊县杂玉村为例》，《文化遗产》，2016年第6期。

大部分制陶户都没有专用的储存陶房，后者更为常见。是否进行第三次筛选则因人而异。以达瓦欧珠的做法为例，使用红褐色和灰白色两种陶土，在和泥前进行第二次筛选，筛网孔径约0.2厘米。过筛后，粗、细两种陶土均可使用，较粗者用于制作大型陶器特别是炊器和煨桑器，较细者制作小型陶器及大型陶器的口沿。筛选后即将红褐色和灰白色两种陶土混合在一起堆成圆堆，再在中间刨出圆坑、加水后用双手搅拌，将水、泥混合在一起。

和泥及初步炼泥均在空旷的院落中完成，无专用场地，且全靠人力。为防止陶土黏在地上需先在地上铺一层塑料布，若是水泥地则直接在地上堆土、加水。因当地水资源匮乏，一般使用生活废水和泥。制陶者边搅拌边根据需要适当加水，之后赤足踩踏或手揉、摔打（图2–3），直至陶泥绵软、柔韧不再粘手。最后将陶泥做成数个泥团放置于大型容器中或用塑料布包住备用。包裹塑料布是为了保持陶泥的湿度。个别制陶者建有窑洞用于存储陶泥，陶泥放置时间一般是两三天。制陶前还需进行深度炼泥，将一团陶泥置于石砧上用石锤反复捶打、挤压约半小时（图2–4），以使土、水分布均匀，并挤出陶泥中的空气，改善其可塑性等工艺性能。捶打好后放于塑料袋中、置于制陶者身旁备用。当地并无陈腐的概念，和泥之后即可直接进行深度炼泥、制坯，一些经验丰富的制陶者也注意到放置时间稍长（一两天）的陶泥更“好用”，但也并未有意增加放置时间。有学者推测，因为陶器经久耐用会对其销售带来一定的负面影响，所以制陶者明知其作用也不愿有意地陈腐。[①]

2.1.1.2 染料、釉料

传统染料“冶丽”（yeli）与陶土产自同一座山上，系从石头缝中掏取，产量很低。还有的制陶者使用绘制壁画的颜料涂饰陶器。现在使用最普遍的染料是清漆，以红色和黄色为主，银白色仅用于煨桑炉。在西藏，釉陶并不常见，笔者仅在拉萨市墨竹工卡县帕热村、日喀则市谢通林县罗林村（也称为“牛”村或“牛古沟”）制陶点见到少量釉陶，后者以制小型陶器为主且光泽度较差。帕热村使用的釉料来自尼木县麻江乡，为一种黑色泛蓝光的铝矿石。另据调查，西藏其他制陶点使用的釉料种类多样，主要有蓝铜矿、孔雀石、硼砂、铅锌矿和红土。红土“亚拉”最常见，多取自本村附近质地较好的红色陶土中，东嘎乡制陶点系从邻近的曲麦乡购买，一辆手扶拖拉机装载量售价20到30元。拉孜锡钦乡制陶点的红土使用方法比较特殊：先在器物表面涂抹一层红土，再涂上与菜油混合的红土，稍干后用玛瑙石打磨抛光，可提高器表光泽度。墨竹工卡制陶点原来使用的蓝铜矿和孔雀石产自尼木彭岗，曾经是尼木向地方政府及各大寺院交纳的主要差役之一，开采十分艰苦；后因价格昂贵且产地停产，改为使用铅锌矿和硼砂，林周加措雪、吉龙等制陶点同之，硼砂主要产自拉萨河河源及藏北，铅锌矿在这几个制

---

① 古格·齐美多吉：《西藏地区土陶器产业的分布和工艺研究》，《西藏研究》，1999年第4期。

图2-5　晾晒草皮

图2-6　泥草

陶点储量丰富。定结县波罗制陶点仅使用产自附近湖盆中的硼砂。[①]

2.1.1.3 燃料及其他材料

烧制陶器的燃料分为主料和辅料。主料原为草皮，将高山草甸、湿地的表皮连根带草、土挖起约七八厘米的厚度，再做成四五十厘米的方形块状，置于阳光充足、空旷处晾晒干即可使用（图2-5）。有tabang和zibang两种草，前者草质差，后者草质好。烧陶时将zibang塞在陶坯之间，tabang围在周围。一般是9月以后挖草皮晒干，一个月后方可干透。因保护环境的需要，21世纪初改为使用人工制作的泥草（图2-6）为主要燃料。泥草以淤泥为主要原料，加入干草、秸秆和动物粪便等制作而成，其形状模仿草皮制成方形块状，厚度因烧陶时具体用途的不同而有所差异，厚者七八厘米，薄者约一两厘米，以后者数量为多。

辅助燃料是干草以及牛粪、羊粪和马粪等动物粪便，废纸箱等可燃烧的废弃物亦可用作辅助燃料。作为引燃料的牛粪最为关键，因嘎—朗村地处农区，所饲养的牛并不多，牛粪不够用时便到牧区购买或是用陶器物物交换。牲畜圈栏中的铺垫物主要成分是粪便和干草、秸秆等可燃物，也是很好的辅助燃料。

此外，在拉萨市、日喀则市等地的其他制陶点，山南市的扎囊、琼结、隆子、桑日等制陶点，也与嘎—朗村一样使用草皮或牛粪作燃料；而在林业资源丰富的山南市曲松贡康萨、林芝市朗县子龙、墨脱县和西藏东部昌都市的察雅县、洛隆县、芒康县、八宿县、边坝县、贡觉县等制陶点则主要使用柏、松等木柴烧陶。[②]

模制法是嘎—朗村最常见的陶器成型工艺之一，大部分陶器的下腹部均采用模制法成型。

---

① 古格・齐美多吉：《西藏地区土陶器产业的分布和工艺研究》，《西藏研究》，1999年第4期。

② 齐美多吉、加藤瑛二：《西藏的产业结构与土陶器生产》，《西藏大学学报》，1999年第2、3期。

为使初坯在脱模过程中不与陶模粘连在一起，需在初坯（陶泥）上撒适量的脱模剂（或称为分型剂）。脱模剂为草皮燃烧后残留的细腻烧土zata。制作擦擦的脱模剂为油，日喀则市加木切村、扎囊县杂玉村制陶点脱模剂为炭灰。

制陶工具所使用的木料，据罗林村阿旺介绍，购买或物物交换自吉隆县。

2.1.2 制陶工具

嘎一朗村陶器的制作工具有陶土加工工具、陶坯成型工具、修整装饰工具和烧制工具四类，除陶轮、擦擦模具外都是自制。工具的放置：石锤、石砧和石板一般放在其使用场地，即自家住宅的正房大门旁以及烧陶场所；挖土、装土工具为农业生产工具并非制陶专用，所以与农具放置在一起；其他陶土加工工具、烧制工具放置在杂物间；陶坯成型和修整装饰工具放置在制陶者身旁或腿上以备随时取用，右利手制陶者放置在身体右侧，左利手制陶者放置在左侧，不用时也一直放置在制陶场所，不会移动。A型陶内模比较特殊，因其体量较大数量较多，会散置于制陶场所或是院落周边，单放或重叠放置。

2.1.2.1 陶土加工工具

筛子，木质框架、金属或藤条筛网，长方形，边长约40×25厘米。网眼大小不一，约2—5毫米。用于干筛陶土。使用时手握长边两侧抖动，使用痕迹便位于此。

石锤，柄部木质、锤头石质，锤头中央部位穿孔插入木柄。锤头长约20厘米，柄长约50到60厘米。用于深度炼泥。使用痕迹位于木柄手握处、锤体与陶泥接触部位，因加工对象为比较柔软的陶泥，使用痕迹不明显。

石砧，扁平石板，近似方形，边长约100厘米。与石锤搭配使用。凹窝状使用痕迹位于中央部位。

此外，用于挖土的锄头、铁锹等，装土的麻袋均非制陶专用工具。

2.1.2.2 制坯成型工具

陶轮（图2-7），为轴承轮盘类（ball—bearing turntable）陶轮，上部为陶质轮盘，分上、下两层，上层直径约30到40厘米，中央稍内凹，便于放置A型内模；下层直径较小，中央为铁质车轴。下部为木质基座（质地必须非常坚硬），基座中央设轴筒。轮盘既可快速也可慢速旋转，需要快速时用手拨动上或下层轮盘边沿，需要慢速时则用手肘或手掌小鱼际推动上层轮盘，或是利用陶拍拍打初坯、手扶握初坯的力量带动轮盘旋转。整个制坯、修整及装饰过程都在陶轮上进行。使用时，将初坯置于轮盘上。有的制陶者还会在轮盘上铺一层氆氇、铁板或皮革等，以承接、倾倒泥渣；有的制陶者会在下层轮盘边沿裹一圈动物皮毛以护手。使用痕迹不明显。也有极少数制陶者使用陶内模作为转动工具：将内模置于石板上，利用陶拍拍打初坯、手扶握

图2-7 陶轮

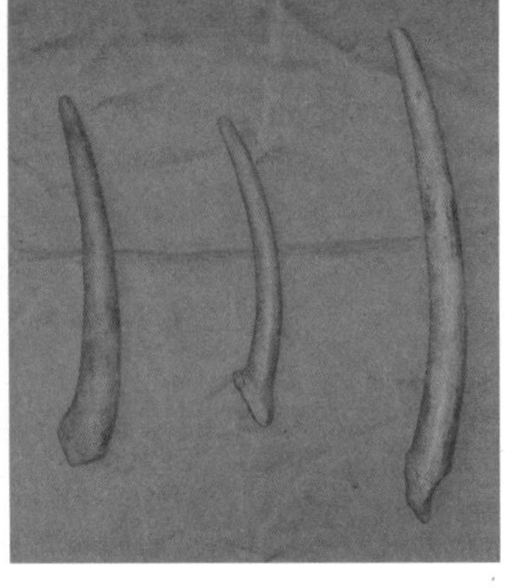

图2-9 B型内模

图2-8 A型内模

初坯的力量带动内模转动，仅用于内模制法成型。另据调查，扎囊县赞域制陶点的制陶者用右脚拇指转动陶轮；朗县子龙制陶点使用方形木块、盐井制陶点以圆底陶盆作为转动工具。①

内模，分为二型：A型陶质（图2-8），用于制作器物的下腹部。多为大小不一的半圆球形，少量锥形、圆柱形，内部中空。B型木质（图2-9），为一端粗一端细的牛角状木棍，稍微弯曲。长约15到25厘米，最大直径约2到4厘米。用于制作器物的流部。两种内模的表面均光滑无任何纹饰。使用痕迹不明显。

外模，铜质，用于制作擦擦，正面内凹、反面底部有一凸钮。一般是定做擦擦的人提供给制陶者。使用痕迹不明显。

陶拍（图2-10），木质，细长柄，拍部长方形，正反两面均素面无纹且都可以使用。用于拍打初坯外壁。每个制陶者均有大、小、厚、薄各种尺寸的数个陶拍以满足对不同初坯、同一初坯不同部位的拍打需要：大、小陶拍分别用于制作大、小型初坯。较厚者主要用于器身主体部位成型过程的拍打以辅助陶坯成型，即在模制法制陶时将泥饼拍打成所需要的形状，或是配

① 古格·齐美多吉：《西藏地区土陶器产业的分布和工艺研究》，《西藏研究》，1999年第4期。

图2-10 陶拍和陶垫

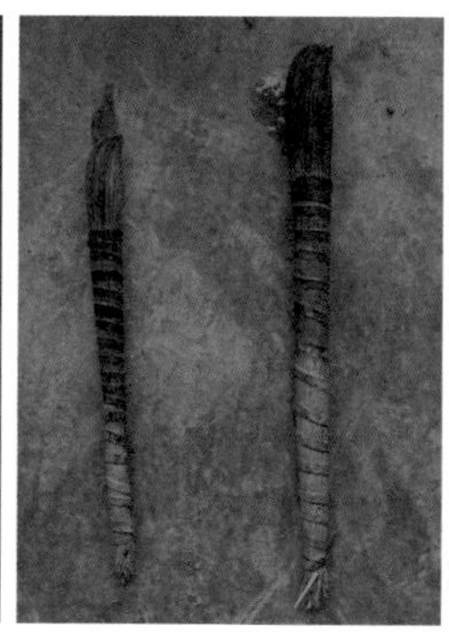

图2-11 陶刷

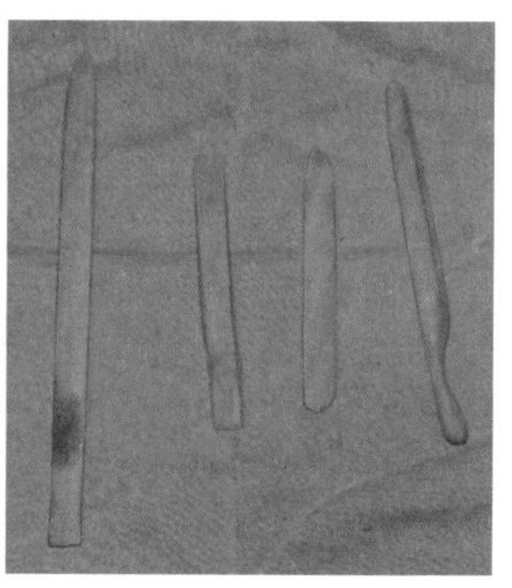

图2-12 刻刀

图2-13 刮刀

图2-14 磨刀

合泥条拼接法拍打，形成或改变初坯形状（外扩或内收）、减少泥条间的缝隙使其接合更加紧实。较薄者主要用于拍打口径较小的初坯，因为口径较小不便在内壁使用陶垫，改为用手指托垫甚至不使用托垫空拍，因此初坯仅能承受住薄陶拍的拍打力量；或是将圜底拍打为平底，因为此为脱模后拍打，内壁无法放置托垫物。大陶拍长约30到40厘米，柄长约15厘米，拍头长约20厘米、宽约10厘米、厚约3厘米。小陶拍厚约1厘米。使用痕迹明显，位于拍部正反两面，呈椭圆形凹窝状。有的薄陶拍用于刮削，前刃被磨损为内凹弧刃。柄部有明显的手握痕迹。

陶垫（图2-10），表面为光滑、平坦的鹅卵石或陶质，后者为蘑菇状，圆柱形柄，垫面呈圆弧形，素面。垫面直径、高约10厘米。与陶拍配合使用，用陶拍拍打初坯外壁时垫在内壁起到支撑、托垫作用，以防止坯体变形。使用痕迹不明显。

陶刷（图2-11），植物根须制成，泡水不易腐烂。嘎一朗村陶刷为长柄，长约30到40厘米；罗林村为短柄，长约10厘米。用于给初坯表面刷水以防止陶土过于干燥影响成型、修整，有的制陶者亦将其用作抹平工具。也可用毛笔、油画笔等代替。使用痕迹在根须（刷）部。

刻刀（图2-12），竹质，也称为竹刀，薄片状，长短、宽窄不一，两端或一端呈锋利的刃状，部分有柄。长约10到20、宽约2、厚约0.5厘米。用于切除边角泥条、刻划泥条或附件连接处浅槽、刮削器表。使用痕迹位于刃部，因使用时往往偏向一侧用力，前锋位于中部或是偏向一侧。个别制陶者使用金属小刀代替刻刀的切割功能。

垫板，分为二型：A型为制坯垫板，石质，多呈圆饼状，因陶轮轮盘的中央部位内凹，小型初坯脱模后的制坯、修整和装饰过程一般都需要将A型垫板放置在轮盘上以垫高初坯，也可用泥饼代替。B型为阴干垫板，木质，尺寸大小不一，一般都是废弃不用的木板稍加修整即可。又分为二亚型：Ba型专用于阴干擦擦，因要在其上捶打铜质外模并修整擦擦，为一器一垫板，平面尺寸较小但厚度较大；Bb型为各器类通用阴干垫板，平面尺寸较大但厚度较小，可放置多件陶坯。制作四面八方酥油灯时亦作为制坯垫板使用。使用痕迹均不明显。

铁锤，木柄、铁质锤头，用于制作擦擦。并非制陶专用工具。

钻孔器，木质，分为二型：A型稍粗，直径约为4厘米，用于器身钻孔、扩大或修整孔洞。B型较细，长约20到25厘米，直径不足1厘米，用于钻较小的孔洞，亦用于小型器耳与器身衔接部位的抹平。现在多用筷子代替。

水盆，用于盛水。一般为破旧的塑料瓶、塑料盆或废弃陶器。使用痕迹不明显。

塑料布、旧衣服，半阴干过程中用于包住需要续接泥条的半成品，以保持其湿强度。大块塑料布用于陶泥的收藏、保湿。

2.1.2.3 **修整装饰工具**

刮刀（图2–13），木质，薄片状，长约13到20厘米，宽度比刻刀更宽、一般约2到5厘米，两端或一端呈锋利的刃状，用于刮削、平整器表，亦可用于刻划粗线条纹饰，制作小型陶器时还可作为陶拍使用。使用痕迹位于刃部，由平刃磨损为斜直刃和内凹弧刃。

为提高工作效率，近几年出现了一类新工具：大型刮刀，其基本特征、使用痕迹同于普通刮刀，但是刀体更长、更厚，长度一般大于30厘米，兼具薄陶拍、刮刀和磨刀的功能，用正、反刀面拍打、抹平初坯，用前刃、柄部侧刃刮削器表，用尖锐的转角（侧锋）刻划凹弦纹。

磨刀（图2–14），木质，木材的硬度、刀的厚度大于刻刀和刮刀，一般使用松木制作。分为二型，A型长条形，柄、刀无分界。长约10到25、宽约2厘米。B型柄、刀有明显分界，有的柄部也磨出尖锐的前端。长约10到25厘米，刀长约5到15、宽约5、厚约1到1.5厘米。用于磨光器物表面，抹平捏塑法所制附件表面及其与器身连接处，其尖锐的柄部和刃部亦可用于刻划、戳印纹饰。使用部位多在刃部、刀面及侧刃。抹平用刀面及侧刃，以前者为主；刻划、戳印纹饰多使用刃部、柄部前端。

皮巾，多用牛皮、牦牛皮、鹿皮或羚羊皮制成，其他动物皮也可，但以鹿皮和羚羊皮最佳，因为吸水性较好，蘸水后的使用时间更长（使用时手提一端将其泡在水中再提起，用另一手手指夹住皮巾将表面的水分刮去）。购自那曲等牧区。长条形，长约20到30、宽约5厘米。用于蘸水塑型、修整（抹平）初坯表面。皮巾有厚薄之分，厚者用于制作大型陶器，薄者用于制作小型陶器。使用时手捏皮的正面（也称毛面或银面），以皮的反面（也称肉面）接触初坯，故使用痕迹位于反面。

磨石，河边捡回的白色石头，表面非常光滑细腻，用于抛光器表。另据调查，拉孜锡钦乡制陶点的抛光工具为玛瑙石，用硬铁丝将玛瑙石固定在圆木把上使用。①

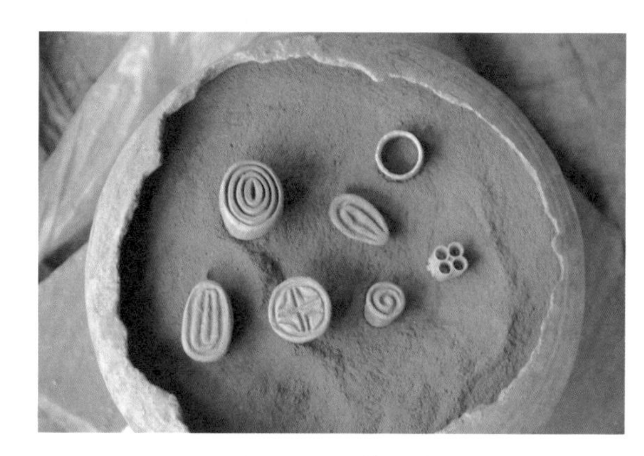

图2-15 纹饰印模

纹饰印模（图2-15），陶质或塑料制成，分为二型，A型形似印章，面上刻纹饰。B型为圆管状或半圆管状，模印圆圈纹、半圆纹。

2.1.2.4 烧制工具

支钉，陶质，有圆泡型、三叉型和高台三叉型三类。用于烧制釉陶。仅见于墨竹工卡县帕热村制陶点。

火钳，用于夹放燃料。使用痕迹不明显。

铁锹，用于铲除泥草燃尽产生的灰土。使用痕迹不明显。

石板，烧制陶器时将其围合在陶坯堆和燃料的外围，以防止露天“窑”崩塌。

鼓风机、电风扇，用于风力不够时吹风以加大火力。并非制陶专用工具。

2.1.3 制坯成型

制坯成型是陶器制作最关键的环节。为表述清晰，本文将完成制坯成型工序者统称为“初坯”，经过修整者称为“毛坯”，装饰之后称为“陶坯”。按成型步骤分类，嘎—朗村陶器有一次成型和分步成型两种成型方式，一次成型即整个成型过程一次性完成之后再行阴干，分别使用模制法、泥条拼接法和慢轮提拉法成型。分步成型即成型过程中要经历两次以上阴干，前几次为半阴干，器身相应部位需包裹塑料布或旧衣服，最后一次为彻底阴干，成型工艺有内模制法、泥条拼接法、慢轮提拉法和捏塑法。

嘎—朗村陶器绝大部分都是使用混筑法成型，仅使用一种成型工艺即筑成初坯的陶器非常少。所谓混筑法，顾名思义，即制作一件初坯需使用至少两种成型工艺。“一件初坯”不仅仅是器物的主体部分，还包括器耳、流、盖沿和盖钮等附件。吴金鼎先生将此成型工艺称为“兼

① 古格·齐美多吉：《西藏地区土陶器产业的分布和工艺研究》，《西藏研究》，1999年第4期。

制”法，并指出其产生的原因：“盖各法皆有其所长，亦有其所短，不得不相互辅助也。”①仅使用一种成型工艺的器物只有一次成型的擦擦和颜料碟。

制坯、修整及装饰过程中，制陶者盘膝而坐，陶轮置于身前，陶泥、工具集中放置在身体右侧，个别工具会放置在左侧。左利手制陶者则将工具等放置在左侧。制作高大的大花瓶等器物时随着器身高度的增加，制陶者姿势由盘膝而坐到蹲着、跪地、站立。除擦擦外，其他陶器的成型、修整和装饰过程均在陶轮上完成。

制坯成型工序之前虽已将陶泥置于石砧上反复捶打、挤压，制坯时每使用一团陶泥前制陶者还是需要将其置于手中反复揉炼：左手握陶泥、右手手掌根部和手指前端用力挤压陶泥，若陶泥较大还需将左手置于右腿上承力。若为左利手制陶者则反之。

2.1.3.1 一次成型

一次成型的器物，器型相对较小、较简单，部分器物成型过程中虽也使用了混筑法，但混筑过程不复杂，第二种成型工艺仅用于筑附件。故下文将以主要成型工艺为纲展开介绍：

2.1.3.1.1 模制法

一次成型的模制法用于制作擦擦和器盖盖身，又分为外模制法和内模制法两类，均为正筑法。

外模制法

外模制法即以内凹的模具为依托，将陶泥填入模具中压紧、压实，陶泥稍许干燥后即可脱模、完成陶器的成型。嘎—朗村仅擦擦一类陶器使用外模制法，使用铜外模。具体工序如下：

①压泥。先在外模凹槽中刷油以为脱模剂，再用左手承托外模（制陶者为右利手），以外模为依托、双手大拇指用力将炼制好的陶泥压制进外模凹槽中，陶泥一次放够、无须添加。之后将模具反面底部的凸钮置于Ba型垫板上，双手相对、大拇指用力挤压、其余四指承托住外模底部，将陶泥彻底压入模具凹槽中（图2-16）。压制过程中主要靠大拇指用力，不需要过多的技巧。制作擦擦最关键的是做好佛像的面部五官和手的动作，人们认为这些部位没做好是对神灵的不敬，而要做好需要手指按压陶泥的力度足够大。

②将外模正面扣在Ba型垫板上，用铁锤反复捶打模具反面中央、四周，进一步压制陶泥，并将多余的陶泥切断。

③脱模。先用刻刀将模具外侧多余的陶泥彻底清理干净，左手握紧或按住垫板，右手握住外模底部的凸钮往上轻拔即可脱模，如有需要可再次用刻刀清理边缘部位多余陶泥。

---

① 傅斯年、李济、董作宾、梁思永、吴金鼎、郭宝钧、刘屿霞：《城子崖：山东历城县龙山镇之黑陶文化遗址》，第42页，中央研究院历史语言研究所，1934年。

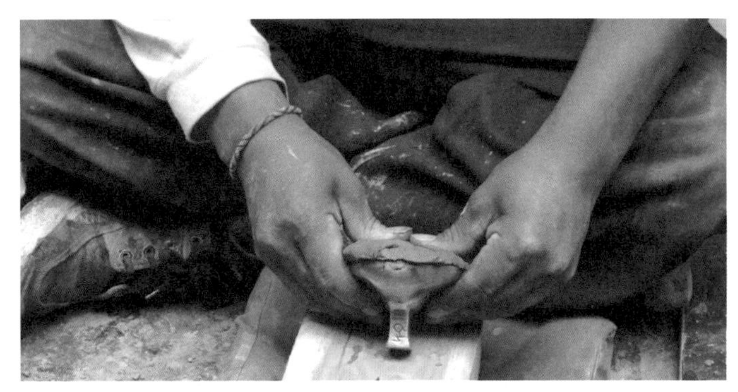

图2-16　外模法筑擦擦

图2-17　擦擦阴干

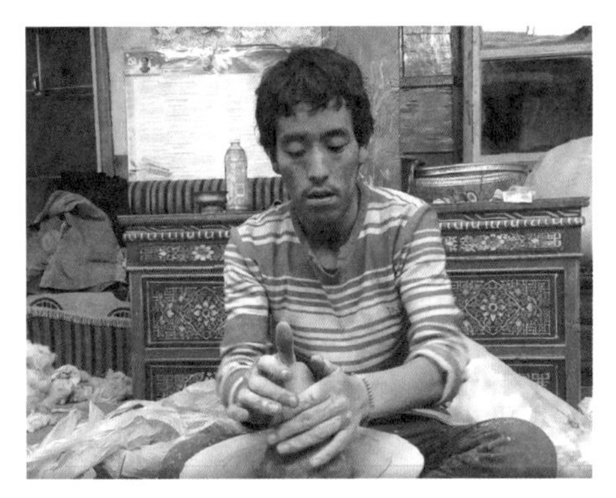

图2-18　内模制法筑尖顶器盖

图2-19　撒脱模剂

④用手指、磨刀抹平擦擦表面。

⑤阴干备烧。将制好的擦擦初坯先置于Ba型垫板上阴干（图2-17），待初坯能在垫板上移动时将其取下集中放置在Bb型垫板上继续阴干，以蒸发泥土中所含的水分。

内模制法

李文杰先生给模制法下的定义是：用泥条盘筑（或圈筑）在模具（或实用袋足器）外面，再拍打（或滚压）成与模具（或袋足器）形状相同、大小相近坯体的方法。模具是模制法专用的工具，不同于陶垫。[①]嘎一朗村的内模制法是用陶拍拍打或手按的方式将一整块陶泥饼贴合在陶模或木模外侧，且均为专制陶模具、不使用实用器。

制作器盖盖身使用A型内模，盖钮和盖沿用捏塑法筑成。为正筑法。

首先筑器盖盖身。①准备工作。订正好陶轮圆心，将内模放置在陶轮中央，底部四周用一圈泥条固定。

②用手拍打出一圆形泥饼，在泥饼表面撒脱模剂后将泥饼按压在内模上。双手先拍打泥饼数下，使其与内模紧密贴合，拍打的同时双手稍微旋转发力即可带动陶轮缓慢旋转（图

① 李文杰：《中国古代制陶工艺研究》，第13页，科学出版社，1996年。

2–18）。尖顶器盖使用的内模顶部尖锐，需先用手将陶泥捏出圆锥形的基本形状后再放置到陶模上拍打、成型。

③用右手持陶拍拍打泥饼（制陶者为右利手）、左手逆时针方向缓慢转动陶轮，间或扶住泥饼防止其移动位置，甚至可依靠拍打和扶握的力量转动陶轮。陶拍拍打朝泥饼内侧、下侧用力，可使泥饼更均匀的贴合内模并向下延展，同时器壁也由厚变薄；拍打的顺序是从顶部开始逐渐向下延伸，直至泥饼完全覆盖住内模。如果是制作大中型器物，此过程中也会根据需要将泥饼取下撒脱模剂后再行拍打（图2–19）。小型及尖顶器盖亦可不使用陶拍拍打，用双手拍打即可完成塑性。

④拍打完成后用刮刀刮削、用磨刀抹平初坯表面。

接下来用捏塑法筑盖沿和盖钮。

①刻凹槽。先用刻刀在盖身顶部正中（盖钮位置）（图2–20）和近口部（盖沿位置。本文中的“口部”包括但不限于器物的口沿，成型过程中的腹部开口、圈足开口、器盖开口和流的开口等统称为“口部”）刻划数圈圆形凹槽，其上再刻或戳一层斜向线状凹槽，以增加器盖与盖钮、盖沿的结合面及黏结力。此过程需缓慢转动陶轮以保证凹槽呈圆形。

②筑盖沿。用手搓一条细泥条，左手持泥条尾端、右手持泥条头端，大拇指、食指发力将其按压在盖沿凹槽上（图2–21），按压过程中用左手手掌推动陶轮转动。再用手捏、皮巾修整的方法筑出盖沿的形状。

③筑盖钮。用手捏塑盖钮后将其按压在盖顶连接凹槽上。

④用刮刀、磨刀和皮巾修整器盖表面，根据需要装饰纹饰。

⑤右手持窄刻刀先将刀头蘸水，然后插入盖身器壁开口处相应部位，左手逆时针方向快速旋转陶轮，利用旋转的力量和方向将盖沿以下多余陶泥切除（图2–22）。

⑥脱模。将双手手指放在初坯开口处轻抬以分离初坯和内模，再捏住盖钮、将器盖初坯从内模上取下。

⑦阴干备烧。

图2–20 刻划盖钮连接凹槽

图2–21 筑盖沿

图2–22 切除口部多余陶泥

若是小型器盖，成型后即可从陶模上脱模、置于一旁阴干，大型器盖则需连同陶模一起半阴干后再脱模、阴干。

2.1.3.1.2 泥条拼接法

泥条拼接法属于泥条筑成法。所谓泥条筑成法是先将泥料搓成泥条，再用泥条筑成初坯的陶器成型工艺，李文杰先生将其分为泥条盘筑法和泥条圈筑法两类，前者是将泥条一根接一根连续延长、盘旋上升；后者则是泥条一圈一圈落叠而上，每圈首尾衔接。[①]嘎一朗村的泥条拼接法兼具泥条盘筑法和泥条圈筑法的特点，但又有所不同，系先将泥料搓成扁圆形短粗泥条，再将其一根接一根拼接在一起以延长尺寸至足够围合成一圈，一边筑坯体一边拼接，而非一次拼接好足够的长度再筑坯体；筑坯体时泥条并非盘旋上升而是首尾相接围合成一圈泥圈，根据器物高度，有拼接一圈者也有叠筑多圈者以加高器身；每一圈泥圈均自行闭合，叠筑多圈者的各圈之间均为平行关系。每筑完一圈即对新泥条进行拍打、修整，然后再在其上续接一泥条，直至达到所需要的高度。

图2-23 器底拼接泥条

图2-24 续接泥条

一次成型的泥条拼接法仅用于制作酥油茶桶模型，为圆筒状平底器，采用正筑法成型。

①在陶轮上放置A型垫板，订正好圆心后，将陶泥置于垫板上，左手逆时针方向转动陶轮，右手持陶拍将陶泥拍打成圆饼形厚泥片以为器底，左手配合修整泥片形状（制陶者为技术娴熟的右利手）。拍打过程中，间或顺时针方向转动陶轮。

②右手持刻刀在泥片中央部位刻出数圈圆形凹槽和斜线凹槽。刻圆形凹槽时陶轮逆时针旋转，刻斜线凹槽时陶轮顺时针旋转。

③用手将一新陶泥制成扁圆形粗条状，系先搓圆、再捏扁。用陶刷在器底泥片凹槽处刷水。左手持泥条尾端，右手大拇指在外壁，食指、中指在内壁，主要靠大拇指发力将泥条按压在器底凹槽处（图2-23），同时用左手小鱼际或手肘发力、逆时针方向缓慢转动陶轮，转动一

① 李文杰：《中国古代制陶工艺研究》，第2页，科学出版社，1996年。

圈后即可将泥条围合筑成器壁。泥条围合时，尾端从外侧、顺时针方向压住头端。最后将多余的泥条截断后放回备用陶泥中。

④右手顺时针转动陶轮，左手大拇指在外，其余四指在内，主要靠大拇指和食指（间或中指）用力，大拇指向内、向上发力拉抻泥条，将泥条拉高、拉薄。此过程中左右手交替工作，右手拉泥条、左手逆时针转动陶轮，反之则是左手拉泥条、右手顺时针转动陶轮。

⑤用刮刀修整内、外壁。修整外壁时，刮刀修整痕迹基本沿水平方向横向运动，修整内壁时横向和纵向两个方向兼有，往往是先横向后纵向。

⑥第一层泥圈成型、修整好后，再在其上用相同的方法接续两层泥圈（图2-24），上层新泥圈从外侧压住下层旧泥圈。围合第一层泥圈时，手指的用力点在泥条与器底衔接处、用力方向是从上至下，以使二者结合紧密；围合上层泥圈时，手指的用力点在新旧两层泥圈的结合处、用力方向是从外至内。随着手指的用力挤压，围合之后的泥条变得更加扁薄。

⑦待第三层泥圈拼接、修整好后，用刻刀、皮巾作出口沿，刮刀修整器壁并进行装饰。

⑧用捏塑法制作器耳。与器身的连接方法同于盖钮、盖沿。

⑨右手持蘸过水的窄刻刀插入器底相应部位、左手快速旋转陶轮，利用旋转的力量和方向将器底多余的陶泥切除。用刮刀修整切口。

⑩将初坯放于一旁阴干备烧。

陶器的唇部有圆唇、方唇和凹唇三类。圆唇不需特别制作，在口沿成型过程中自然形成。方唇和凹唇则需专门制作：初坯口沿成型并经刮削、抹平后，用皮巾夹住口沿，此时大拇指在外壁、其余四指在内壁，缓慢转动陶轮数圈，通过皮巾的压力先制出方唇的雏形。之后将食指置于唇部皮巾上稍微用力下压以进一步压平方唇，指尖力度稍大即可制作凹唇。最后还需使用刮刀进一步平整唇部。

本书根据持陶拍、刻刀和皮巾等制陶工具的特征判断制陶者是左利手还是右利手。所调查的制陶者中，仅有一位为左利手，其余均为右利手，即右手持陶拍、刻刀和皮巾等工具，左手持陶垫或转动陶轮。无论是左利手还是右利手，拼接泥条时既有用右手者也有用左手者，二者数量基本相当，甚至有极少数技术娴熟的制陶者在制作不同器物或接续不同层次泥圈时能左右手交替工作。右利手制陶者，若是右手拼接泥条，则左手持泥条尾端，左手掌、腕或手肘逆时针转动陶轮，泥条向顺时针方向延伸，泥条尾端从外侧、顺时针方向压住头端围合在一起。若为左手拼接泥条，则是右手持泥条尾端，右手掌、腕或手肘顺时针转动陶轮，泥条向逆时针方向延伸，泥条尾端从外侧、逆时针方向压住头端围合在一起。左利手制陶者为左手拼接泥条，右手持泥条尾端，右手掌、腕或手肘顺时针转动陶轮，泥条向逆时针方向延伸，泥条尾端从外侧、逆时针方向压住头端围合在一起。

2.1.3.1.3 慢轮提拉法

慢轮提拉法是指先用泥条拼接法、泥圈套接法或捏塑法筑出初坯雏形，再快速转动陶轮，依靠陶轮转动产生的离心力和惯性力用手、皮巾将器壁提拉出所需要的高度、厚度及相应弧度，器壁既可以由直变曲，也可以由曲变直。

一次成型的慢轮提拉法仅用于制作颜料碟，为敛口、浅腹、平底器，使用正筑法成型。

①筑器底。先订正好陶轮圆心，将A型垫板放置在陶轮上，在垫板亦即陶轮中心部位用泥条围合一个圈，以固定初坯位置。在泥圈中央撒一层脱模剂，将陶泥捏成小圆饼状后放置在脱模剂上，左手逆时针方向转动轮盘，右手持陶拍或陶垫拍打陶泥使之形成圆形、扁平状、厚薄均匀的器底（制陶者为右利手）。

②用手抹平器底表面后用刻刀在相应位置刻出数圈同心圆形凹槽以增加底、腹的结合面和粘结力。

③用泥条拼接法将泥条拼接到器底上筑出腹部初坯雏形。右手拼接泥条，左手持泥条尾端，左手掌逆时针转动陶轮。泥条围合后右手手掌顺时针转动陶轮，左手大拇指在外，食指、中指、无名指在内，主要靠大拇指发力逐渐拉高、拉薄泥条。

④左手逆时针方向快速转动下层陶轮，右手持蘸过水的皮巾给初坯刷水以增加初坯表面的湿度，然后用食指和中指夹住皮巾的一端、大拇指和食指夹住另一端，大拇指在初坯内壁、其余四指在外壁，主要靠大拇指指肚和食指中部发力，依靠陶轮快速转动产生的离心力和惯性力，将泥条拼接法所筑直壁提拉成敛口、弧形器壁，器壁的高度和厚度也随之发生一定程度的改变。此过程中，始终保持右手筑坯、左手转动陶轮，且陶轮需顺时针、逆时针交替旋转，顺时针转动时大拇指在外壁提拉（图2-25）、逆时针转动时大拇指在内壁提拉；食指和中指所夹皮巾一端始终不离手，另一端则随大拇指的位置做出调整，即提拉过程中始终要保持用皮巾的反面接触初坯。

⑤用刮刀沿水平方向修整器表、器底，皮巾抹平器表。

⑥最后用窄刻刀蘸水后旋切器底（图2-26）即可将做好的颜料碟初坯取下置于一旁的Bb型垫板上阴干备烧，抬起器坯时用刻刀托起器底以防止变形。

一次成型的混筑法用于制作盘式香插（圈足器）。盘式香插为正筑法，先用内模制法筑圈足和插盘底部，在底部相应位置刻划凹槽，再用泥条拼接法筑插盘器壁，修整好后用B型钻孔器在插盘底部钻孔以为插放柱状藏香的插孔，切除圈足部位多余陶泥，修整后脱模阴干。

2.1.3.2 **分步成型**

嘎一朗村陶器除颜料碟、酥油茶桶模型、擦擦、器盖和盘式香插外，其余器类的器身主体无论器形简单复杂、尺寸大小均为分步成型，具体又分为续接和拼合两种方法：续接法是指

图2-25 慢轮提拉法筑颜料碟

图2-26 旋切器底

图2-27 内模制法倒筑下腹部

图2-28 陶拍拍平底部

先倒筑下腹部、圈足，半阴干后再在其上用正筑法续接其余部位，一般下腹部内模制法、上腹部泥条拼接法成型，圈足、颈部和口沿慢轮提拉法成型。拼合法是指先用模制法分别筑好腹部的左右两个部分，半阴干后再将其拼合在一起，正筑颈部、口沿等部位。流模制，器耳、鋬捏塑。因分步成型的器物均为混筑法成型，且成型过程较复杂，故下文将以典型器类为纲展开介绍：

2.1.3.2.1 续接法

2.1.3.2.1.1 花盆、花瓶等

花盆、花瓶为直腹、平底器，但并非绝对意义上的平底，而是稍有弧度，或可称为“圜底近平”。制作时先倒筑、后正筑，经两次半阴干、分三步完成。

第一步，内模制法倒筑下腹部。

①内模制法倒筑下腹部（图2-27）。为提高工作效率和器物尺寸的标准化程度，部分制陶者在制作大中型器物的下腹部时会将炼制好的陶泥先用手拍打、捏制成数个大小统一的泥饼放在身旁备用。

②下腹部成型并经修整后，用B型钻孔器在器底中央钻孔作为漏水口。

③用刻刀切除腹部口沿最下端以取平。

④脱模、半阴干。双手手指放在初坯开口处轻抬数下以分离初坯和内模，再用双手抬起

初坯，将其倒置在一侧的Bb型垫板上半阴干。分步成型器物下腹部的半阴干不同于一次成型，需先用陶刷在腹口部刷水、并用塑料布或布条（帕热村甚至使用湿布条）包裹在腹口部后再行脱模、半阴干，其目的是为了使腹口部位具有一定的湿强度以续接上腹部，其余部位特别是底部、圈足裸露半阴干则可使其具有更高的干强度，足以支撑初坯上半部的制作。半阴干期间制陶者继续制作下一件花盆、花瓶的下腹部或是其他器物。

第二步，拍打平底。

①将下腹部初坯倒置于陶轮上，先用手指或刮刀在预计的底部最大直径（底部最外缘）处刻出浅痕以定位。

②以定位浅痕为基准，右手持薄陶拍缓慢、轻柔地拍打底部，将圜底改为平底。拍打方向系由四周向中央斜向拍打（图2-28），而非从中央部位直接往下用力拍打。拍打过程中，左手缓慢转动陶轮，且为逆时针、顺时针方向交替转动。最后用刮刀刮削、修整底部、腹部。

③倒置半阴干，无须包裹塑料布或布条。

第三步，用泥条拼接法筑上腹部、慢轮提拉法筑口沿。

①将下腹部初坯正置于陶轮上，旋转数周以订正圆心。若腹口部位的湿度不够，需用陶刷刷水以增加湿度。左手垫在内壁（因花盆、花瓶为直腹器，此次拍打仅用于整形而非塑型，所

图2-29 取直腹口

图2-30 拼接泥条

图2-31 压紧新旧泥条连接处

需力度不大，可以用手作为内垫物），右手持陶拍轻拍腹口部位，将其取直（图2–29）。拍打过程中陶轮需缓慢转动，但无须专门用手拨动，依靠拍打产生的力量即可带动陶轮顺时针方向转动，即在拍打时陶拍要有两个力，主力垂直朝向器壁和陶垫，以完成拍打任务，此外还有一个朝向拍打前进方向反向的辅助力，以带动陶轮朝拍打前进方向的反方向旋转。

②用手揉、捏一扁圆形粗泥条，右手持泥条尾端，左手大拇指在外、其余四指在内，主要靠大拇指发力压紧泥条、将泥条从外侧续接（续高）在腹口部位（图2–30）。拼接泥条的过程中用右手手腕或手肘发力，顺时针方向缓慢转动陶轮；制作煨桑炉、大花瓶等大型陶器时，右手接触不到陶轮，便靠左手压泥条的力量转动陶轮。无论器型大小，至少需要拼接两根泥条方可围合一圈，新泥条从外侧压住旧泥条续接（接长）。

③泥条头、尾两端围合后，用手指反复压紧新泥条的下沿使其与已筑好的部位更紧密地连接，如果是大型陶器还要使用刮刀反复压紧泥条，并用陶拍、陶垫拍打器壁。深腹、长颈陶器需接续两三圈（层）以上的泥条方可达到所需高度，每接完一圈即行压紧、拍打新旧泥条连接处，并且需要进行一次半阴干。具体做法是，一手缓慢转动陶轮，另一手大拇指在外侧用力压紧泥条，其余四指在内侧支撑器壁。或是左手大拇指在外侧扶握、其余四指在内侧支撑器壁，右手持刮刀在外壁从上往下刮、压泥条（图2–31），此过程中左手发力缓慢转动陶轮。压紧之后还需拍打。拍打时需将陶垫垫在内壁支撑以防止器壁变形，陶拍从外侧斜向或横向用力拍打，并依靠拍打的力量缓慢转动陶轮。拍打从已筑好部分的上端开始，逐渐往上拍至连接部位、续接泥条。用力方向先为自下向上斜向用力，陶拍和陶垫都有一个向上倾斜的角度，目的是适当拉高、拉薄泥条。若所制为大型陶器、泥条较粗，此过程表现得尤其突出。待器壁的高度、厚度适当后，拍打的用力方向改为横向，目的是提高陶泥的紧实度、消除泥条拼接缝隙以防开裂并修整出所需器物的形状。横向拍打所使用的陶拍，较前一个过程的斜向拍打陶拍更薄、拍面更宽。也有的制陶者所用陶拍一面为弧面一面为平面，弧面者用横向拍打（图2–32），平面者用于斜向拍打（图2–33）。制陶者若右手持陶拍，陶轮顺时针转动，拍打朝逆时针方向进行；若是左手持陶拍，陶轮逆时针转动，拍打朝顺时针方向进行。拍打完成后，泥条拼接的表面痕迹基本消失。为了保证口沿部位的平整，会用刮刀或薄陶拍从上往下轻拍口沿顶端。

④右手持蘸水刻刀切除口部最顶端以取平。与上文所举切口不同的是，此时器物初坯的内壁没有任何支撑物，故在旋切过程中需将左手手指垫在内壁支撑。

⑤用慢轮提拉法将口沿部位器壁提拉成所需弧度、高度和厚度。提拉前先用陶刷刷水以增加口沿的湿强度。上文所述颜料碟为敛口，大花瓶为敞口器物，慢轮提拉的过程有所不同：泥条拼接好的口部为直口或斜直口，提拉时先用左手顺时针转动陶轮，右手持皮巾置于靠近身体

图2-32 陶拍（弧面）拍打泥条

图2-33 陶拍（平面）拍打泥条

图2-34 慢轮提拉法筑口沿（敛口）

图2-35 慢轮提拉法筑口沿（敞口）

一侧的口沿上，大拇指在外壁、其余四指在内壁修抹口沿使其更加光滑、平整（大部分制陶者无此步骤）；然后改变陶轮转动方向、逆时针转动陶轮，将右手置于远离身体一侧的口沿上，大拇指在内壁、其余四指在外壁向内侧用力，将直口向内提拉为敛口（图2-34）；最后再次改变陶轮转动方向、顺时针转动陶轮，再将右手置于靠近身体一侧的口沿上，大拇指在外壁向内侧用力、其余四指在内壁向外侧用力将敛口提拉为敞口（图2-35）。之后再多次改变手指位置、陶轮转动方向对口沿的形状、厚度和高度等进行修整。提拉过程中始终以皮巾接触陶泥，并需反复多次用皮巾蘸水蘸湿陶泥以保持足够的湿强度。

⑥用刮刀、磨刀和皮巾反复修整器表，最后装饰纹饰。

⑦以上工作完成后，将初坯正置在一旁阴干备烧。

煮面锅、煮肉锅、蒸锅、染缸和便壶等平底容器的制作工艺基本同上。若是小型平底器，如酥油茶壶等器的小模型，则采用颜料碟的筑法，即在圆形泥片制成的器底上用泥条拼接法筑腹部、颈部和口沿。

2.1.3.2.1.2 温茶炉

温茶炉为敞口、圆腹、圈足器，成型时先倒筑、后正筑，经两次半阴干、分三步完成。

第一步，倒筑腹部、圈足。

图2-36 刻划圈足链接凹槽

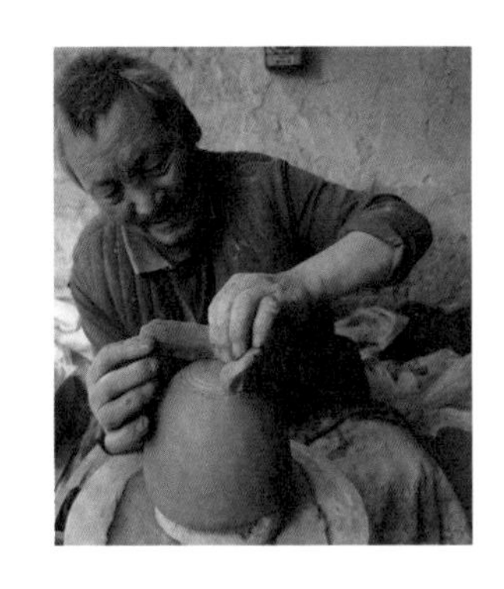

图2-37 泥条拼接法筑圈足初坯

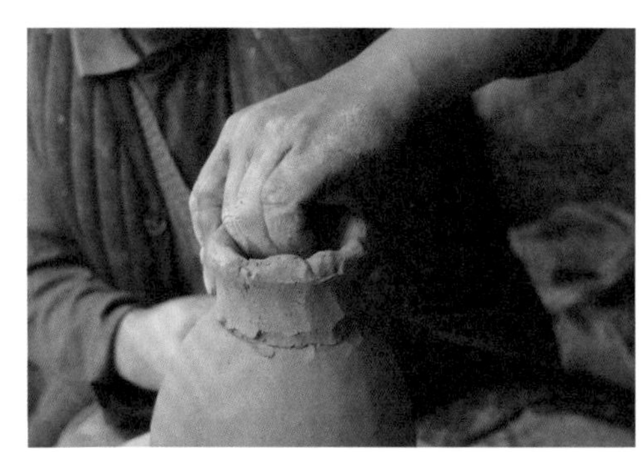

图2-38 单手提拉圈足

①用内模制法筑腹部初坯，修整后（也有个别制陶者在腹部初坯筑成后即筑圈足，待圈足筑成后再进行腹部、圈足的修整）在初坯顶部（实为器底）正中刻划数圈同心圆形凹槽及一层斜向凹槽，以连接圈足（图2-36）。

②用泥条拼接法筑圈足初坯（图2-37）。与筑颜料碟和花瓶口沿不同的是，圈足器壁更厚，拉高、拉薄泥条耗时更长，除了单手用力提拉外（图2-38），还会间以双手提拉（图2-39），方式、方法同于单手，但效果更加明显。单手用力方向是由上往下，拉高、拉薄泥条的同时还可使圈足与器底结合更加紧密；双手用力方向则是由下向上，更有利于拉高、拉薄器壁，并在器壁留下明显的两层方向相异的斜向褶皱指痕。在拉高圈足的同时，多次用手指抹平褶皱，用指肚压、磨圈足和器底连接处，并用刮刀轻拍顶部。部分制陶者会在圈足顶部再续接一圈细泥条，以使圈足口沿平整并具有一定的厚度。因泥条较细，无须拉高、拉薄及拍打，只需用手指捏、压的方式使新旧泥条完全贴合。

③用刻刀切除圈足口沿最顶端以取平。陶刷刷水后用皮巾抹平圈足器表。

④用慢轮提拉法筑圈足，方式方法同于花瓶口沿的制作。

⑤用刮刀修整腹部、圈足器表，修整圈足时需用手指垫在内壁以防止其变形。之后装饰纹饰。

⑥用刻刀切除腹部口沿最下端以取平。

⑦脱模（图2-40），用塑料布或布条包住口沿后放于一旁半阴干。

第二步，用慢轮提拉法筑颈部和口沿，此步骤以后采用正筑法。

①取下包裹住腹口部的塑料布或布条后，将已经完成半阴干的下半部正置于陶轮中心部位，并订正好圆心。中小型器物的圈足与陶轮的接触面较小，需捏制数根粗泥条包裹在圈足外围以固定其位置、防止在制坯过程中移位，可全包也可半包。

②用陶拍拍打腹口部位，使其弧度稍往内收、将直口改为敛口（图2-41）。如果口部足够大，内垫陶垫，若是开口较小或是小型陶器亦可用手指代替陶垫垫在内壁。

图2-39 双手提拉圈足

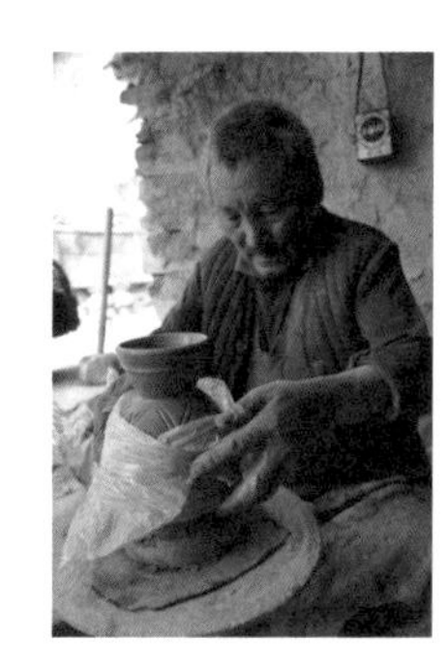
图2-40 脱模

图2-41 将直口拍打为敛口

图2-42 钻透气孔

图2-43 粘贴器耳

图2-44 将大口拍打为小口

③用慢轮提拉法筑颈部和口沿。

④用刮刀、磨刀和皮巾反复修整器表，装饰纹饰。

⑤装饰完一组纹饰后，即用B型钻孔器在纹饰之中的相应位置钻孔作为透气孔（图2-42）。右手持工具，左手手指抵在器身相应部位的内壁，手持工具左右旋转以深入器壁。修整孔洞外侧。

⑥以上工作完成后，取下定位泥条，将初坯正置在一旁再次半阴干，无须包裹塑料布或布条。

第三步，筑器耳等附件。

①订正陶轮圆心、固定初坯。用刻刀在器身连接部位刻划数道交叉斜线凹槽，并用陶刷刷水。

②用手捏塑器耳，并用小陶拍或刮刀稍作拍打整形后，先将器耳下端按压在器身相应部位的凹槽上（图2-43），边按边用手指抹平连接处，之后用相同的工艺连接上端，并用手指、陶拍进一步整形。

③用磨刀、B型钻孔器和皮巾抹平器耳各部位及其与器身连接处。

④两个器耳都筑好后，将器身斜置于陶轮上，用相同的工艺筑口部内壁承托酥油茶壶的三个支钉。

⑤装饰器耳。

⑥阴干备烧。

图2-45 捏凸棱

图2-46 刻划凸棱凹槽

煨桑炉、背酒罐、酒缸、盛装酒壶以及糌粑盒等圈足容器的制作工艺基本同上，腹部较深、颈部较长者需续接（续高）多圈（层）泥条。

煨桑炉下腹部设一长方形炉口。初坯基本成型后，在炉口位置刻长方形浅槽定位，刷水后在其上贴附一圈泥条，用手指、磨刀和皮巾修整。为防止煨桑炉在运输过程中碎裂，此时不能打开炉口，仅用刻刀在炉口四周（泥条内侧）各刻出一条镂孔，待煨桑炉烧制好并运到交易市场后再沿着镂孔轻敲即可打开炉口。

2.1.3.2.1.3 酥油茶壶

酥油茶壶为细长颈、圆鼓腹、平底器，器型较温茶炉腹部更深、颈部更细长。成型过程为先倒筑、后正筑，经三或四次半阴干、分四或五步完成。

第一步，用内模制法倒筑下腹部。倒置半阴干，口部需要包裹塑料布或布条。

第二步，用薄陶拍拍打底部，将圜底改为平底。倒置半阴干，口部需要包裹塑料布或布条。

第三步，用泥条拼接法筑上腹部，基本与花瓶的筑法一致，不同的是酥油茶壶腹部圆鼓、颈部较细，上腹部开口需用陶拍拍打的方式将泥条拼接而成的大口改为小口（图2-44）。陶拍的用力方向是朝内、向上，随着口径的缩小，内垫物由陶垫改为左手四个手指、继而大拇指，最后阶段则不再使用内垫物；依靠陶拍拍打产生的力量以及左手扶握、支撑器壁的力量顺时针方向转动陶轮。因为对初坯形状的改变较大，需要陶泥具有更高的湿强度，拍打过程中需用陶刷刷水或是陶拍蘸水后再拍打。腹部筑好后，用手捏（食指在内将口部陶泥稍稍往外翻、大拇指在外用力朝内捏）（图2-45）、刻刀修刮的方式在腹口沿处做出一圈凸棱，并在其周围刻划凹槽以便续接细颈泥条（图2-46）。之后修整、装饰，正置半阴干，此时无须包裹塑料布或布条。

第四步，用慢轮提拉法筑颈部和口沿。

①在腹口凹槽处刷水。因颈部较细高需续接两圈泥条，第一圈既可用泥条拼接法也可用泥圈套接法，以后者更为常见，具体工序为：捏塑法筑泥圈，用手捏泥团、食指掏挖出颈部孔洞并逐渐扩大成一泥圈，泥圈直径需大于腹口径，套接的一端器壁较薄、另一端较厚，之后将泥

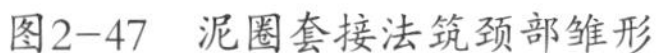
图2-47 泥圈套接法筑颈部雏形

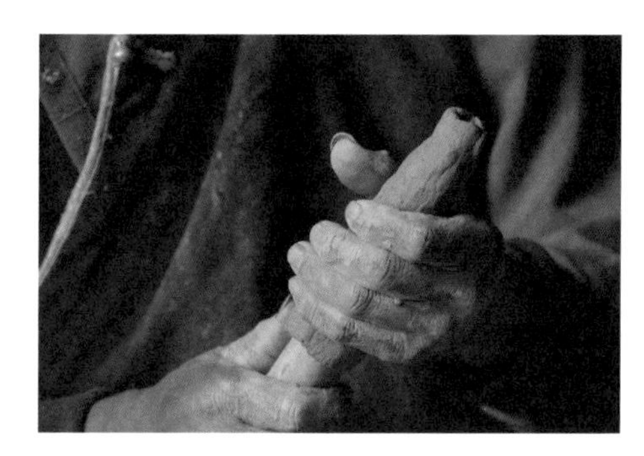
图2-48 模制法筑流

圈从外套接到腹口凸棱上（图2-47）。接下来食指或中指在内、大拇指在外，从上往下用力压紧结合部位，再用食指抹平。

②一手转动陶轮，一手食指或中指在内、其余四指在外，大拇指和中指用力提拉颈部器壁。此过程中，左右手交替工作，或是双手同时提拉。

③用泥条拼接法续接第二圈泥条。

④待基本形状筑好后，用慢轮提拉法将器壁提拉成颈部、口沿。

⑤正置半阴干，无须包裹塑料布或布条。有个别制陶者会略去半阴干，直接筑流、鋬。

第五步，内模制法筑流、捏塑法筑鋬，再用粘贴法连接到器身。

①用B型内模较尖锐的一端在器身连接部位戳出圆孔，用刻刀在其周围刻出凹槽。

②双手拍打出一块圆形泥饼，将其裹在B型内模外侧并稍加按压（图2-48），切除多余陶泥、脱模并经修整后连接到器身上。修整、加固连接处。

③将A型钻孔器插入连接好的流中，上下穿插以修整器身圆孔的尺寸，使其与流口尺寸相匹配，同时也起到光滑内壁的作用。

④用手修整流的弧度，用刮刀、磨刀和皮巾等工具刮削、抹平表面。

⑤筑鋬，工艺同于温茶炉器耳。

⑥修整、装饰。

⑦阴干备烧。

各类酒壶为圈足、圆鼓腹、细颈，筑法系温茶炉和酥油茶壶的结合。僧帽壶的僧帽用泥条拼接法筑成，即将泥条拼接到口沿上后再用手捏塑，但与一般的泥条拼接新泥条从外侧续高旧泥条不同，系将新泥条直接拼接在刻有凹槽的口沿唇部（直口），再用双手提拉、刻刀切割而成。也有的制陶者是先将陶泥捏塑成僧帽的雏形后再拼接到器身上，拼接方法同上。酥油茶壶的模型，特别是小型者，第一至三步可一次成型，半阴干后筑流、鋬，修整、装饰后阴干。

2.1.3.2.1.4 雪鸡壶

雪鸡壶为圈足器，带流、尾。制作先倒筑、后正筑，经两次半阴干、分三步完成。

图2-49　泥条拼接法筑雪鸡壶尾部

图2-50　酥油灯上腹部取直

图2-51　刮削酥油灯内底

图2-52　钻灯眼

第一步，用内模制法倒筑腹部、慢轮提拉法筑圈足。用塑料布或布条包裹住腹口部后脱模、倒置半阴干。

第二步，将半阴干的初坯正置于陶轮上，双手扶握住腹口两侧向内挤压使其拼合在一起，将敞口状圆腹改制为封口状椭圆腹。用A型钻孔器、刻刀在长边两端戳刻出圆孔以拼接流、尾。正置半阴干，无须包裹塑料布或布条。

第三步，用内模制法筑流（雪鸡的颈部和头部）、泥条拼接法筑尾。

①先筑流，筑法同于酥油茶壶的流，基本形状筑好后用捏塑法筑鸡冠。

②后筑尾部。先用刻刀扩大器身上的预留孔，并在其周围刻划凹槽。手制一条扁平泥条拼接到器身上作为尾部，修整好后再在其上续接一圈（层）泥条以增加高度（图2-49）。

③用手指修整尾的角度、孔径，配合磨刀、皮巾修整抹平器表。

④装饰。

⑤阴干备烧。

2.1.3.2.1.5 酥油灯

酥油灯为圈足器，形似陶豆。先倒筑、后正筑，经一次半阴干、分两步完成。

第一步，用内模制法筑灯盘、慢轮提拉法筑圈足。

①灯盘的制作工艺同于温茶炉腹部，完成后在其顶部（实为底部）正中即灯盘与圈足连接部位刻出凹槽。

②用手制一圆柱形泥柱将其按压在灯盘底部。因酥油灯圈足为喇叭状、口大底小，需用手、陶拍将圆柱形泥柱拍打成蘑菇状。然后一手缓慢转动陶轮，另一手大拇指在泥柱外侧、食指或中指在顶端向下压出一个圆槽，并逐渐用力将圆槽扩大、加深。之后左右手交替或是双手同时工作继续将圆槽扩大、加深，同时拉高、拉薄圈足壁，筑出喇叭口状圈足的雏形。具体做法是大拇指在外、食指和中指在内，用大拇指和食指相对用力压的方式使圈足口部变薄，然后筑圈足下半部（柄部），改为大拇指用力从下向上抹、拉的方式将其拉高。最后用刻刀切除圈足口部多余陶泥以取平。

③用皮巾将圈足提拉出所需弧度、厚、薄。大型酥油灯的圈足较高，需用泥条拼接法续接第二层（圈）泥条后再慢轮提拉成型。通过大拇指灵活的发力、收力，甚至可提拉出阶梯状高圈足。具体做法：陶轮逆时针转动，大拇指在内、其余四指在外，以大拇指和食指夹住皮巾将圈足提拉为敛口钵状；继而皮巾蘸水，顺时针转动陶轮，大拇指在外、食指和中指在内提拉，此时大拇指置于“敛口钵”腹中部并稍微用力下压即可将圈足提拉为阶梯状喇叭口。再用刮刀进行修整，使阶梯状的特征更加凸显。较之矮圈足，高圈足的提拉需要陶泥保持更高的湿度，提拉前要用陶刷反复刷水，提拉过程中皮巾蘸水的频率也更高。

④用磨刀、皮巾修整器壁。装饰圈足、灯盘。

⑤用刻刀切除灯盘口部多余陶泥以取平，用塑料布或布条包住口部，脱模后倒置半阴干。

第二步，修整、装饰上腹部，钻孔。

①将初坯正置于陶轮上，圈足口部贴一圈粗泥条将其固定在陶轮上。大型酥油灯因灯盘较重，还需在圈足根部贴一圈泥条以承重，待全部工序完成、阴干前取下泥条，并再行修整抹去贴泥条的痕迹。

②用手捏、陶拍拍打的方式将有弧度的上腹部（以凸弦纹为界）取直（图2–50）。

③刷水、修整灯盘内壁。酥油灯特别是大型酥油灯灯盘底部和下腹部的内壁是使用过程中的关键可视部位，故需进行专门的刮削、抹平（图2–51），而其他内模法成型的器物则无此步骤。刮削用小型刮刀，从底部开始，螺旋状上升至腹部。抹平用小型磨刀，从腹部开始，螺旋状降至盘底。

④进一步精修上腹部。

⑤切除口沿多余陶泥，再用皮巾、刮刀修整。

⑥用钻孔器在灯盘底部钻出灯眼（深凹槽），一般是一眼，大型酥油灯三眼（图2–52）。右手持钻孔器，左手缓慢转动陶轮，在旋转过程中钻孔即可扩大灯眼的直径。最后用手、陶刷

抹平灯眼口沿。

⑦阴干备烧。

2.1.3.2.1.6 四面八方酥油灯

四面八方酥油灯为四足、长方形器。先正筑、后倒筑，经一次半阴干、分两步完成。因酥油灯器底为长方形大平底，需将小型的Bb型垫板放置在陶轮上，在其上完成筑坯。

第一步，用捏塑法、泥条拼接法正筑器身。

①筑器底。将一块陶泥捏塑、拍打为扁长方块状，各面修整好后用刻刀在其正面四周边缘处刻划凹槽。

②筑腹部。捏一条扁平泥条，将其拼接到器身凹槽处以为腹部的一边。四周围合后即完成腹部的制作。用手指、刮刀和皮巾修整连接处。

③制灯盘。用空心管在腹底部整齐地按压三排共27个圆形深凹槽，作为盛放酥油的灯盘。

④用钻孔器在灯盘底部钻灯眼，每个灯盘钻一个灯眼。

⑤正置半阴干，无须包裹塑料布或布条。需在器身四角各垫一个泥块或啤酒瓶盖以架空底部、便于阴干。

第二步，用捏塑法倒筑器足。

①将半阴干的器身倒置在木板上，长边中间部位用刻刀垫高。用陶刷在器底刷水，用手指、刮刀和皮巾修整表面。

②用刻刀在四个转角处刻划凹槽。

③将四个手制陶球粘贴到凹槽上，再用手将其捏塑成向内凹的三角形足。

④修整连接处。最后再次修整整个器物，装饰纹饰。

⑤阴干备烧。

2.1.3.2.2 拼合法

拼合法仅用于制作扁壶和酥油提炼器，二者成型工艺基本相同，以扁壶为例：经两或三次半阴干、分三或四步完成。

第一步，用内模制法筑腹部，系正反两面侧腹部分别筑好、半阴干后拼合在一起。根据陶模形状分为两种制坯工艺：圆球形陶模制坯，腹部筑好后需先经一次半阴干（口部需要包裹塑料布或布条），再将腹部圜底朝上放置在陶轮上，用薄陶拍将圜底拍打为微凸的平底（扁壶侧腹部），修整、装饰、半阴干。扁圆形陶模制坯则无须拍打平底的过程，在陶模上拍打成型后直接修整、装饰、半阴干，减少了一次半阴干，器型显得更加圆润。

第二步，拼合腹部。

①将侧腹部平放在陶轮上，切除腹口部多余陶泥，在切口处刷水或用刻刀稍加刮削后再在

图2-53 刻划扁壶连接凹槽

图2-54 拼合扁壶腹部

图2-55 手指修整拼合处

图2-56 拍打扁壶平底

其上刻出斜向或圈形凹槽（图2-53），再用陶刷刷水。器型较小、器壁较薄者也可不刻凹槽。正反两面同样的工序完成后即可拼合在一起（图2-54）。

②用手指（图2-55）、磨刀和皮巾修整拼合处（按压、拍打、刮削、抹平）并进行装饰。有个别制陶者会在拼合处贴一条细泥条以加固器身，泥条就位后用手指、刮刀和磨刀等刮削、抹平，用薄陶拍拍打平整。

③手持初坯、用陶拍拍打出扁壶的平底（图2-56）。

④侧置半阴干，以保证底部具备足够的干强度。

第三步，筑颈部、口沿及器耳。

①将初坯正置于陶轮上，用泥条固定位置，用刻刀、钻孔器在颈部位置戳刻出圆孔，再用手捏、刻刀修刮出一圈凸棱，并在其周围刻划连接凹槽。

②用慢轮提拉法筑颈部、口沿。

③修整、装饰初坯。

④用捏塑法筑器耳，修整、装饰。

⑤用B型钻孔器在器耳上钻孔。右手持工具，左手手指抵在器耳对面，手持工具左右旋转以深入器壁，为前后对钻以保证孔洞的尺寸一致。

⑥阴干备烧。

拼合法在西藏其他制陶点也用于大型、复杂器物的成型。①

2.1.3.3 成型小结

嘎—朗村陶器成型过程分为一次成型和需经至少一次半阴干的分步成型两类，一般前者用于筑小型、简单器类，后者用于筑大型、复杂器类。一次成型的器物均采用正筑法成型，除擦擦和器盖外，酥油茶桶模型和颜料碟为平底器，盘式香插为圈足器。分步成型的大部分器物，特别是大型、复杂器类都是先倒筑、后正筑，腹部以下倒筑、以上正筑。圈足器均先倒筑，模制法筑下腹部、慢轮提拉法筑圈足，之后正筑，泥条拼接法筑上腹部、慢轮提拉法筑颈部、口沿。平底器多为圜底近平，亦先倒筑，模制法筑下腹部后脱模、半阴干，再用陶拍将圜底拍打为平底，继而正筑上半身，方法同于圈足器。各步骤所筑器身的连接，除少数器类采用拼合法外，大部分器类为续接法，即在已筑好的、经过半阴干的器身上继续筑其他部分，拼合或续接前需用陶刷在器身连接部位刷水，以增强湿强度。

器耳、鋬及盖钮等附件用捏塑法制作，流为内模制法。附件与器身的连接方法均为粘贴法：先在器身连接部位用刻刀等工具刻划数道圆圈形或斜线形凹槽，以增加结合面及粘结力，如果初坯较干需用陶刷刷水，再将附件按压到凹槽上。最后用窄刻刀、手指及皮巾抹平连接部位。

成型工艺有模制法、泥条拼接法、慢轮提拉法和捏塑法四大类，其中模制法又分为外模制法和内模制法两小类。外模制法仅用于筑擦擦，而内模制法则是嘎—朗村陶器最常见的成型工艺之一，大部分器物的下腹部以及扁壶、酥油提炼器的侧腹部都使用这一工艺成型。因陶内模的形状多为圜顶，故所筑器物的底部多为弧度不一的圜底，即使是经过拍打的平底器、扁壶和酥油提炼器的侧腹部也不是绝对意义上的平底、平腹，都保留有一定的弧度，或称为“圜底近平”更为合适。

泥条拼接法主要用于筑器物的上腹部，同时也是慢轮提拉法制作初坯雏形的主要成型工艺。在旧泥条上续接新泥条时，无论接长还是续高，绝大部分都是将新泥条斜向压紧在旧泥条上，以扩大与旧泥条的结合面使其连接更加牢固。泥条拼接后，基本都是先用手，再用刮刀、磨刀和皮巾等工具进行修整。在泥条拼接和修整的过程中，要始终保持陶轮的转动，但并非是固定地朝着一个方向转动，而是顺时针、逆时针两个方向轮流转动。用陶拍拍打器壁是内模制法、泥条拼接法成型过程中一个至关重要的环节，拍打不仅可缩小泥条缝隙防止陶器开裂（此步骤实为初坯修整环节）、整形（使器型更加规整），更可成型，即将圆形泥饼以内模为依托拍打为下腹部、将圜底改为平底或将大口拍打为小口。拍打时的用力方向不同，初坯未脱模时

① 古格·齐美多吉：《西藏地区土陶器产业的分布和工艺研究》，《西藏研究》，1999年第4期。

（内模制法），由上往下用力；脱模后续高器壁（泥条拼接法），则由下往上用力。筑下腹部或修整初坯时内垫陶内模或陶垫，使用厚陶拍，用力较大；圜底改平底时无内垫物，使用薄陶拍、用力较小；大口改小口时，随着口部直径的缩小，内垫物由陶垫继而手指最后不使用，故也使用薄陶拍、用力较小。半阴干后再行拍打需先用陶刷在器表刷水，特别是大口改小口时要求陶泥具备足够的湿强度，需要频繁刷水，或是陶拍蘸水后再行拍打；拍打未经半阴干的初坯则基本无须刷水。

慢轮提拉法用于制作器物的颈部、口沿和圈足。这一筑法并非是将陶泥直接拉坯成型，而是需要先用泥条拼接法、泥圈套接法或捏塑法筑出初坯雏形，再在快速旋转的陶轮上用手指配合皮巾将陶泥提拉出一定的高度、厚度特别是弧度。提拉过程中，陶泥需保持比其他成型工艺更高的湿强度，陶轮的转动速度也更快，且始终是用皮巾接触陶泥、手指只是发力。

2.1.4 修整

“制坯成型”工序结束，陶器制作完成了最为关键的一个环节，由一团团陶泥转变成了能满足各种使用需求的、形态各异的陶器初坯。但这样的初坯上还残留有泥条缝隙、工具压痕以及手指印痕等各种各样的制作痕迹、瑕疵，器型也不甚规整、结实，还需要经过进一步精细的修整、装饰才能到彻底阴干、入窑烧制环节。正如Miriam T. Stark所指出的，制坯只是初步成型技术，而修整则是二次成型技术。[①]

嘎一朗村陶器修整的主要方式有拍打、手捏、刮削、抹平和补泥五类：

2.1.4.1 拍打

拍打往往是初坯修整的第一步。拍打修整施于器物全身外壁，包括各类附件。拍打的目的有四：其一是为了进一步塑型，即将拼接好的圆形泥条拍薄、拍宽以使器壁变薄、器高加长，或是将上腹部的大口改为小口，并使其更加浑圆规整，或是将圜底改为平底。此类拍打或可归入成型工序，可称为“塑型拍打”。其二是为了加固器壁。拍打一方面消减了陶泥中所含气泡，另一方面弥合了泥条拼接所产生的缝隙，使泥条连接处坚实紧密，这样初坯胎壁的内部结构便更加紧实、致密。其三是拍平手捏留下的手指印痕。其四是用刻刀切除口沿多余陶泥后，用薄陶拍或刻刀从上往下轻拍口部，以压紧陶泥。拍打修整的专用工具是陶拍和陶垫，兼用工具是刻刀和刮刀。

---

① Stark M. T. , “Social dimensions of technical choice in Kalinga ceramic traditions , ” Chilton E. S, ed. *Material meaning: critical approaches to the interpretation of material culture*, Salt Lake City： The University of Utah Press, 1999, pp. 24–43.

拍打时制陶者右手持陶拍拍打器物外壁（右利手制陶者），为了防止半干状态下的初坯因受力而变形，要严格把控好拍打的力度，还需将陶垫或手指垫在内壁以支撑受力，当无法使用陶垫和手指支撑时，改为薄陶拍或刻刀轻轻拍打。拍打修整会在器物外壁留下不规则的方形平面痕迹，一端深一端浅，内壁则留下陶垫受力的圆窝痕或是指印，且内外壁的痕迹能够一一对应。拍打是在陶轮旋转的过程中进行的，陶轮的转速较刮削、抹平更慢，甚至无须用手专门转动陶轮，只需依靠拍打产生的力带动陶轮旋转即可。右利手制陶，陶轮为顺时针旋转，拍打方向为逆时针方向，拍打痕迹为逆时针方向、圆周形排列，且逐个叠压。左利手制陶则反之。

2.1.4.2 **手捏**

手捏主要是对口部和附件进行修整。切除口部多余陶泥后，若用陶拍从下往上拍打唇部会使口部变厚，需要用手捏的方式将其捏薄并使其更加浑圆规整（图2-57）。制陶者一手缓慢转动陶轮，另一手大拇指在外、四指在内将器壁捏薄至所需要的厚度。左右手可交替进行。但此修整步骤并不常见，属于“个人型”修整工序。附件的手捏修整是将附件连接到器身后进行的，主要目的是规整其形态。如用手指修整器耳时，两手相对，大拇指在外侧、食指在内侧发力，故在器耳内外侧的中部皆留下一条明显的凸棱。

图2-57　手捏修整口部

手捏修整会在器表特别是内壁留下手指压印的圆窝，使得器表凹凸不平，但深度比成型过程中产生的手指印痕要浅。

2.1.4.3 **刮削**

拍打之后即进行刮削修整。刮削修整即用刮刀等工具刮除器表多余泥料，以进一步减薄器壁；或是使同一部位的器壁厚薄均匀，以达到规整、平滑器形的目的，同时也可起到降低烧制过程中开裂概率的作用，因为在胎壁厚薄不均匀的情况下，薄的地方便极容易开裂。器身各部位的内外壁，包括附件均要进行刮削。从刮削的频率来看，主要是刮削器身及附件的外壁和圈足、颈部和口沿的内壁；模制法所制腹部及底部的内壁除酥油灯外，其他器物很少进行刮削。刮削的主要工具是刮刀，兼职工具为薄陶拍和刻刀。刮削过程中会在工具上黏附一层泥垢，一般是用其他工具刮去或是将刮削工具插入备用陶泥数下即可去除。刮削修整用力较小，全凭制陶者多年积累的手感和经验操作。

刮削修整需在转动的陶轮上进行，陶轮转速要比拍打修整更快。转动方向，无论是右利手制陶还是左利手制陶，均是顺时针和逆时针交替转动，但持工具的手则保持不变。一般刮削同一部位的转动方向相同，但也有个别情况下刮削同一部位时亦交替转动。

图2-58 刮削修整

图2-59 横向圆周式刮削

图2-60 纵向圆周式刮削

刮削的具体做法是：右手持刮刀轻触器壁后保持固定的姿势不变，左手转动陶轮（图2-58），即可保证刮削器壁的深度一致，器壁厚的地方多用力、多削，薄的地方少用力、少削。为了把握好刮削的力度，有时也需将左手手指轻轻垫在内壁。此为横向围绕器物的圆周式刮削（图2-59），施于外壁和器盖的盖钮。刮削酥油灯、颜料碟等器物的内底时使用刮刀或薄陶拍的刃部。而施于直腹外壁（图2-60）特别是内壁时，则常使用刻刀的侧刃（因刻刀更加细长，方便竖向放置），此为纵向圆周式刮削。一个部位刮好后，上下移动工具再次进行刮削，移动时工具或离开器壁或保持接触。亦有施于内壁的纵向回旋式刮削：右手持刻刀深入初坯内腔，以侧刃轻触内壁，转动陶轮的同时上下来回提拉刻刀。两种刮削方式，施用频率以圆周式刮削为主。无论圆周式还是回旋式刮削，都会来回反复施行多次，内壁甚至两种刮削方式均会使用。刮削器耳、鋬和流等附件时，工具沿附件的长轴方向从上往下刮削。

刮削会在器表留下明显的修整痕迹。因为刮削工具虽为平刃且无锯齿，但均是木质，长期使用后刃口会开细小的裂纹，从而在刮削过的器表留下深浅不一的线状条纹。施于外壁、内壁（包括圈足和盖钮）以及内底的横向圆周式刮削痕迹为连续一周或数周的横向线条，特别是内底线条呈以底部中心为圆心的同心圆状，且圆心稍稍凸起，线条由底部向口部延伸。因刮削是在陶轮连续转动的过程中进行的，刮削转动一周者极其少见、以数周者为主。更换刮削部位、移动工具时，工具若离开器壁线条便会断开，若与器壁保持接触线条则是连贯的。施于内壁的纵向回旋式刮削痕迹为上下回旋的竖向线条。施于器耳、鋬和流等附件的刮削痕迹为沿附件长轴方向的竖向线条，器耳的线条起于上端止于下端，流的线条则是起于流口止于根部。横向、竖向线条除了走向不同外，其余特征基本相同：深浅不一（与刮削工具相应部位的平滑度相关），密度均较大，各线条间既有近于平行的也有相互叠压打破的关系。且内壁上还可见横向、竖向相互叠压打破的线条。根据同组线条分布的宽度还可推知所用工具的宽度。

工具与器身的接触面上也会留下明显的磨损痕迹。刮刀刮削外壁时以刃部接触器身，大部分情况下刮刀并非垂直于器身而是有一个向上倾斜的角度，所以大部分使用时间较长的刮刀刃

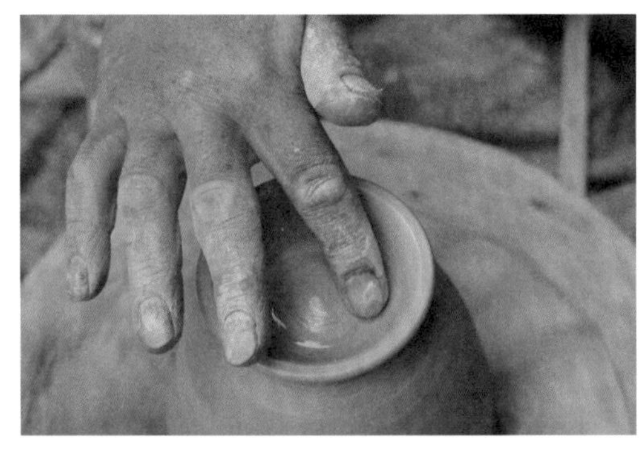

图2-61　手指抹平

图2-62　磨刀抹平

部并非平刃而是斜直刃。也有一些刮刀为内凹弧刃，这主要是用于刮削肩部等弧度稍大的凸起部位时形成的使用痕迹。

2.1.4.4 **抹平**

刮削之后即进行抹平修整。抹平修整即用工具修磨器表，工具需适当蘸水。蘸水的目的是为了湿润器壁表面，使表面陶泥形成一层细泥浆，再通过工具的运动将泥浆平铺于器表，如此便可将器表在成型、修整过程中产生的细微瑕疵、痕迹，如泥条缝隙、小泥坑、褶皱、线条以及粗颗粒等遮盖住，使初坯表面更加光滑、平整、精细，形体线条也更为流畅，故为修整的最后一道工序，在拍打、刮削之后进行。整个器物，包括器身、附件以及二者的连接处均需进行抹平修整。抹平的主要工具是磨刀（刀面）和皮巾，兼职工具是手指、刮刀（刀面）、薄陶拍（拍面）、B型钻孔器和陶刷。各类工具的特征或者说是抹平效果不同，因此也有使用顺序：先手指、刮刀、薄陶拍，继而磨刀，最后是皮巾和陶刷，前两步抹平常交替进行。亦即，同一部位的抹平也是重复多次进行的，甚至会与刮削交替进行。使用相同工具进行的刮削和抹平，动作也比较接近，区别有四：其一，刮削更多的使用工具最锋利的部位刃部，抹平则使用工具平滑的一面，因此抹平所产生的线条纹更加细密、规整；其二，刮削所用力度更大，工具的磨损相应的也会更大；其三，刮削会从器表刮下一层陶泥，而抹平则不会；其四，抹平时工具需随时蘸水，刮削则不必。

除附件的抹平外，抹平修整亦需在转动的陶轮上进行，且转速较拍打和刮削修整都快。抹平器身的具体做法是：①手指抹平（图2-61），主要施于口沿和圈足器底。口沿抹平时，一手顺时针转动陶轮，另一手的大拇指在外、四指在内，大拇指从下往上竖向抹平器表。左右手交替工作，陶轮顺时针、逆时针交替转动。手指抹平后在内壁留下明显的圆窝状指纹压痕，外壁则为竖向线条纹，之后用磨刀、皮巾将其抹平。②刮刀、薄陶拍和磨刀（图2-62）的抹平姿势与刮削基本相同，但左手手指无须垫在内壁，左手的主要工作就是推动陶轮旋转。③皮巾抹平（图2-63）。抹平器身是内外壁同步进行，一手持皮巾夹住器壁，另一手转动陶轮。皮巾围绕

图2-63　皮巾抹平　　　　图2-64　陶刷抹平

器身横向旋转数周，在器身表面留下基本平行的细密线条，线条痕迹比刮削所留更浅且细。其间双手不交换工作，但陶轮可逆时针、顺时针交替转动。因手指的长度有限，皮巾抹平的最深处距离口部不会太远，最多一指长度。因皮巾表面非常光滑，很少留下抹平痕迹。④陶刷抹平（图2-64）。陶刷抹平的效果近似于皮巾，但并不常见，仅用于局部抹平。

抹平附件及其与器身的连接处时不需转动陶轮。附件的抹平在其连接器身前后均需进行，痕迹方向一般是附件的长轴方向。附件与器身连接部位的抹平均为连接后进行，皮巾或手指环绕连接处数周，痕迹往往呈圈型。器耳内侧因空间较小，需用B型钻孔器抹平。

在谢通门县罗林村和拉孜县锡钦乡制陶点[①]还有一种修整方式——抛光，用磨石、玛瑙石等比较坚硬光滑的工具磨光器物表面。因石头表面的光滑度更高，修整效果比抹平更好，主要用于磨光器物的关键部位如敞口器口沿内侧、腹部、圈足外侧等。

2.1.4.5 补泥

成型及修整过程中，若发现某个部位因缺少陶泥而存在瑕疵，便会用手加工一块小陶泥将其按压在相应位置，再用陶拍将其拍打紧实。也有的初学者是因技艺不佳而需补泥，如在刻划连接圈足的凹槽时，由于用力过大将器底刻穿，便需特制一块圆泥饼置于凹槽上，先用手掌、继而用陶拍从顶部（实为器底）往下逐渐轻拍，顶部的补泥最厚，往下逐渐变薄。补泥会在器物的表面及剖面留下补泥泥缝。

2.1.4.6 修整小结

嘎一朗村陶器的修整工序并非整个成型工艺完成之后再进行，而是在制坯成型过程中，每完成一个部位的成型、初坯尚未进行半阴干之前即开始修整，无须像快轮制陶那样要待初坯稍微阴干之后才能修整。因为修整过程需要陶泥保持合适的干、湿强度，如果修整过程中湿强度过大，初坯受力容易变形；而干强度过大的话则容易“跳刀”，即用工具刮削、抹平时，初

---

① 古格·齐美多吉：《西藏地区土陶器产业的分布和工艺研究》，《西藏研究》，1999年第4期。

坯与工具之间的阻力过大导致刀痕不连贯，使得部分区域修整的平整光滑效果欠佳。适应嘎—朗村陶器成型工艺的陶泥湿度明显小于快轮制陶的陶泥，但成型后仍保留有足够的湿强度，且干强度也适当、初坯也不至于粘手，正是进行修整的最佳时机。若因天气干燥、或所制器型较大、或制陶者忙于他事等主客观原因使得初坯干强度过大，还需要用皮巾蘸水或是陶刷刷水湿润、软化坯体以增加其湿强度。

上文所述五种修整方式中，手捏、补泥不是必备的，只是根据实际情况的需要在某些部位使用；拍打、刮削和抹平则是必备的，且是在同一部位均需使用这三种方式，基本不见仅使用一种或两种的情况。从刮削时除去陶泥的动作来看，刮削的使用频率是最低的。修整的施用顺序是先拍打、再手捏或补泥、继而刮削、最后抹平，但这也并非绝对意义上的先后顺序，有的步骤可反复多次、交错进行。如有的制陶者会在拍打、刮削后再次拍打，刮削、抹平后也会再次刮削。但皮巾抹平一定是最后一步修整工序，因为在五种修整方式中，皮巾抹平所产生的痕迹是最少、最不明显的，而其他几种方式在除去成型、修整过程中产生瑕疵的同时，还会产生新的瑕疵，需要最后用抹平的方式来去除。所以，最后留在陶器上的修整痕迹其实并不多，需要仔细观察方可发现。

除补泥和器耳、鋬及流的修整外，其余修整工序均是在陶轮转动的情况下完成的，以利用陶轮转动产生的离心力使各项修整工作更加规整、规律，如此，经过修整的毛坯器壁厚薄均匀、表面光滑平整、形制浑圆规整。陶轮的转速，抹平最快，刮削、拍打次之，手捏最慢。

2.1.5 装饰

嘎—朗村陶器的成型、修整工具均素面无纹，并未在成型、修整过程中产生装饰性纹饰，或是为了加固坯体而附加纹饰，所有纹饰均是在修整完成后出于美观的原因特意装饰而成。

上文已述，嘎—朗村陶器的修整工序是在制坯成型过程中进行的，装饰工序亦如此。也就是说，陶器的成型、修整和装饰三个步骤均非独立完成，而是交替进行，即在某一部位成型之后趁毛坯还有一定的湿度即刻进行修整，修整之后马上装饰，装饰完成后再半阴干、继而完成其他部位的成型、修整和装饰。当然也有特殊的情况，如大型酥油灯的大喇叭状圈足，其成型、修整均为倒置，因圈足口部外敞程度较大不便于装饰纹饰，便在圈足半阴干至能正置时装饰。其间，包裹灯盘口部的塑料布不能取下。之后再倒置半阴干、正置完成灯盘上半部的成型、修整和装饰。

在装饰过程中，特别是刻划纹饰，很容易产生泥茬，需在刻划过程中不停地用手指、磨刀、皮巾或陶刷蘸水进行抹平，边刻边抹平，甚至用薄陶拍拍平。据此，实可将“修整”这一工序分为器型修整和纹饰修整两类。

2.1.5.1 装饰手法及纹饰种类

嘎一朗村陶器的装饰手法较丰富，主要有刻划、贴附、压印、浮雕、镶嵌、涂饰色衣和彩绘七类，以刻划最为常见，贴附和压印次之，其他手法不多见，仅用于个别器类。若同一件器物使用多种装饰手法，顺序一般是刻划、压印，或刻划、贴附、压印／浮雕。

2.1.5.1.1 刻划

刻划即使用磨刀、手指在毛坯表面刻或划出不同走向、长短、粗细、深浅的线条，再通过不同线条的组合形成纹饰。刻划凹弦纹时也会用到刻刀和刮刀（图2-65）。刻划过程中需保持工具的湿润度，根据需要蘸水。刻划纹饰还可细分为刻纹和划纹两类，刻纹在下刀戳出纹饰凹槽后即可提刀，有时需要将手指垫在内壁。而划纹在下刀后还需带动刀具运动一段距离，从而在器表留下一条线条，再通过线条的组合来形成各类纹饰。如果所划线条较短，移动工具即可，若为横向的长线条如凹弦纹，则需根据纹饰走向转动陶轮。长线条一般一次性完成，不补刻。以划纹更为常见。线条的刻划方向，竖向、斜向线条为由上及下或由内及外；横向的、围绕器物一周的凹弦纹一般是陶轮逆时针旋转、线条向顺时针方向延伸；横向的短线条为由左到右。

刻划纹饰的种类主要有：

“白久”（Pe kyok），是嘎一朗村陶器纹饰中数量最多、种类最丰富者。其最基本的元素为圆形或椭圆形，再配以不同形状的线条，根据具体特征的不同又可分为圆“白久”、典型“白久”、鼓“白久”和尖“白久”四类。

圆“白久”，由两到三层重叠的椭圆形或圆形组合而成，以前者为主。可一个成纹，也可三四个头端聚拢组成花朵状或花枝状（图2-66，僧帽装饰），还可数个二方连续分布环绕器表一周。主要装饰在器物的肩部、腹部、圈足和大型器盖的盖钮顶部，三个一组者装饰在僧帽壶的僧帽上，周边再饰以“巴扎”、线条纹、圆圈纹等。

典型“白久”，将椭圆形的尖顶“切除”后，外围再围以直线、内弧曲线。主要装饰在器物的肩部（图2-67，肩部）、下腹部和盖顶，肩部、盖顶者曲线朝外，下腹部者曲线朝上。

图2-65 刻划凹弦纹

图2-66 圆“白久”花朵纹

图2-67 典型“白久”

图2-68　鼓“白久”和“章噶”

图2-69　反向“章噶”

图2-70　麦穗纹和日月纹

鼓“白久”，亦为椭圆形切顶状，因最外侧和中间的四道边较宽且深，纹饰的其余部位显得“鼓起来”故名。较之其他“白久”体型更大、线条粗细相间，层次感更强。粗线条或用手指刻划。主要装饰在器物的肩部、腹部和圈足，多为二方连续的带状分布（参见图2-99，腹部），装饰在扁壶腹部者则呈圈状分布（图2-68）。带状分布者椭圆切口朝上，圈状分布者切口朝内。

尖“白久”，由直线条组合而成，顶部尖锐。主要装饰在盖顶四周、肩部和圈足，尖顶朝外（参见图2-103，盖顶装饰）。呈二方连续的带状分布。

钱币纹“章噶”（Dramka），中心为十字纹，四角配以弧线纹，外围再以两三层圆圈纹圈之（图2-68）。反向“章噶”称为“章噶查罗”（Dramka Tralok），将弧线纹改为直线纹（图2-69）。装饰在器物的上腹部、肩部和扁壶腹部中心部位，两两对称装饰在腹部两侧，类似布局的纹饰还有标准钱币纹（音“张嘎君典” Dramka Gyunden）、“所愿尽飨”之宝（音“果堆崩炯” Godue pungjom）和心满之宝（音“热纳桑培” Rena samphel）等。

火焰宝（音“诺布美拔” Norpu Mebar），刻划在圆饼纹上后装饰在器物上腹部、肩部，或直接刻划在器盖顶部。

大宝法王标志标志，装饰在扁壶腹部（参见图2-95）、盖顶。

十字金刚纹（音“多吉加章” Duoje GYatram），三四个半圆弧纹或直线为一组，两组纹饰两两相背，中间以横线纹相连。装饰在火焰宝两侧。

“曲日”（Churi），两条短直线斜向交汇成尖角状、呈二方连续的带状分布，或横向、或纵向，前者装饰在颈部、肩腹部和圈足，后者装饰在肩腹部、圈足、僧帽。

斜方连续纹（音“赛克直” Sekdrik），主要装饰在口部、颈部、下腹部和圈足，呈二方连续的带状分布（参见图2-93，颈部、圈足）。

麦穗纹（音“聂玛” Nye ma），模仿麦穗成熟、沉甸甸下弯的样子，对称装饰在酒壶的敞口流（图2-70）、僧帽两侧。

太阳纹，两或三层同心圆居中、四周刻划芒纹。装饰在扁壶腹部、酒壶鋬上，前者两两对

图2-71　六角纹和太阳纹

图2-72　刻划酥油灯内壁凹弦纹

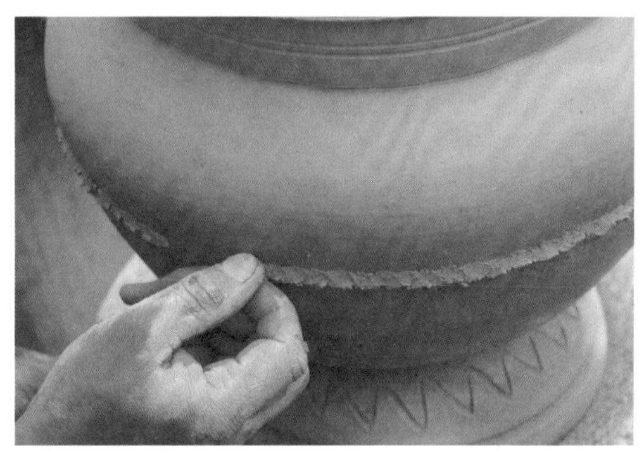
图2-73　贴附凸弦纹

图2-74　修整圆饼纹

称装饰在腹部两侧。

日月纹，压印的圆圈状或圆槽形日纹居于刻划的上仰弯月中心部位，有个别的是日在下、弯月在上。主要装饰在上腹部和口部（图2-70），呈二方连续的带状分布。

羊角纹，线条弯曲似羊角状故名。主要装饰在煨桑炉的腹部，呈对称状重叠分布，不同层次间以凹弦纹为界。

山纹，三四条阴刻线条为一组，其顶端和底端再分别连接另外两组线条，组合成山脚相连的连绵山峰状，装饰在器物的口部、肩部和腹部，呈二方连续的带状分布。

水波纹，由两层曲线重叠而成，呈二方连续的带状分布，装饰在腹部（参见图2-90，腹部）。

花朵纹，五瓣花，装饰在圈足。

蛇纹、鱼纹，两两相对布置在圆饼纹左右两侧组成一组纹饰，再对称装饰在肩部两侧。

六角纹，主要装饰在器盖顶部（图2-71），围以圆圈纹，外围还会装饰尖“白久”、太阳纹等。

同心圆纹，主要装饰在扁壶腹部（参见图2-108）。

凹弦纹，围绕器表一周的浅槽状纹饰，常为两三条弦纹重复使用，作为各类纹饰的分界线或是单独成纹。主要装饰在器物的外壁，大型酥油灯的口沿内壁也会装饰凹弦纹（图2–72）。一般是先刻凹弦纹以规范纹饰区域，然后制作其他纹饰。刻划凹弦纹的具体操作与刮削修整法类似：右手持工具以刃部轻触器壁后保持固定的姿势不变，左手转动陶轮，即可保证所刻弦纹的深度一致。为了把握好刻划的力度，有时也需将左手手指轻轻垫在内壁。

斜线纹，线纹倾斜方向一致，装饰在器物的肩部、腹部，呈二方连续的带状分布（参见图2–103，腹部）。

2.1.5.1.2 贴附

所谓贴附即先将陶泥加工成半立体状纹饰雏形，再将其粘贴到毛坯表面。具体做法是：首先在器身相应位置刷水以增加湿强度，然后用刻刀刻划斜线凹槽并再次刷水。接下来将陶泥捏塑为泥条、泥饼或泥块后按压在凹槽上，用手指、磨刀和皮巾修整泥条、泥饼、泥块及其与器身连接处。

用泥条贴附而成的凸弦纹因长度较长，需要续接细泥条，方式方法以及制作痕迹同于泥条拼接法。先用刻刀等工具在器壁刻出浅槽，继而左手逆时针转动陶轮，右手大拇指在上用指端压泥条、食指在下用指侧夹住泥条将其按压在浅槽上，泥条沿顺时针方向延伸（图2–73）。一圈泥条压制完成后，用大拇指和食指夹住皮巾进行修整。凸弦纹常作为各类纹饰的分界线使用，其上常再刻划一两条凹弦纹。

贴附的泥饼称为圆饼纹，中间厚、四周薄，弧度随器身弧度起伏。泥饼并非素面，还要用纹饰印模在泥饼上压印圆“白久”“章噶”“巴扎”太阳纹（图2–71）、螺旋纹、花朵纹等，或是用磨刀刻划火焰宝。各类纹饰的边沿常刻芒纹。泥饼的制作、修整和装饰并非一个泥饼一次到位，而是交替进行，以三四个泥饼为一组，统一先刻凹槽，然后依次贴泥饼、修整泥饼（图2–74），进而依次压印纹饰、刻划芒纹，最后再进行纹饰修整。圆饼纹常对称装饰在肩部两侧。

贴附的等腰三角形泥块称为“嘎尔坚”（Kergyan），底边连接器身、尖角朝外，两侧边刻划线条纹。与凸弦纹组合、装饰在器物的肩部或腹部（参见图2–89、91）。

2.1.5.1.3 压印

压印即用纹饰印模在修整好的毛坯表面或贴附圆饼纹的表面压、印出纹饰，亦可称为模印。压印前，纹饰印模需蘸脱模剂以防止其与器表粘在一起，然后右手持纹饰印模按住器表用力下压即可将印模上的纹饰压制在器表。若是脱模后压印纹饰，左手手指一般需垫在内壁以防压印用力时导致器壁变形，常在内壁留下指纹痕迹，装饰完后会用磨刀抹平。小型印模一次性按下、印痕往往深浅一致，有时也会压印两次以加深印纹深度。大型印模特别是器壁有弧度、不水平时需先按下上端再往下端用力，来回反复几次（图2–75），这样形成的印痕往往深浅不一，最深处为上端、中间最浅；垫在内壁的手指也会跟着上下移动从而留下数层相互叠压的指纹痕迹。

压印纹饰种类有圆“白久”（参见图2-66，颈部）、螺旋纹（音“诺布呷齐”Norpu Gachil）、火焰宝（参见图2-94，圆饼纹纹饰）、圆圈纹、太阳纹（图2-71）、钱币纹“章噶”、花朵纹（参见图2-94，圈足）等。在毛坯表面压印的纹饰多呈二方连续的带状分布。

2.1.5.1.4 浮雕

主要是浮雕水兽（音“曲森”，Chu seng）和狮子头（音“龙森”，Long seng）。用贴附的方法先塑纹饰雏形，再在其上刻划纹饰。主要用于装饰酒器、茶器，水兽用于装饰流，狮子头用于装饰器耳、鋬（参见图2-94）。

此外，个别制陶者还会使用磨刀、刻刀减地雕刻浅浮雕纹饰（图2-76）。减地浮雕也称为剔地浮雕，即在经过修整的平整光滑的器表先用磨刀等刀具勾画出纹饰的大概轮廓，再用磨刀、刻刀将轮廓以外的部分陶泥（即地子）剔凹铲平，使得纹饰凸起于器表，像是浮在地子上。之后再进行细部装饰和修整。纹饰种类有花朵纹、竹节纹，以前者为主，主要装饰在肩部和圈足。

2.1.5.1.5 镶嵌

将破碎的青花瓷片修整成一元钱硬币大小后，包裹在陶泥中，再将陶泥修整成圆饼状贴附到器表，经修整后在青花瓷片的四周再刻划芒纹。瓷片必须是青花瓷片，制陶者认为非青花瓷烧制后瓷片会变色。镶嵌瓷片仅用于装饰酿酒器以及盛酒器背酒罐、酒缸的正面肩部（参见图2-89、90），倒酒时酒浆即从此面流出。

2.1.5.1.6 涂饰色衣

将“冶丽”磨成粉后调制成细泥浆状，再用手、塑料布或是毛巾蘸取后涂抹到毛坯表面。一般仅涂抹口部，内外壁均需涂抹。经过涂饰色衣的毛坯，器表的粗糙度、光泽度得以改善，更加光滑、细腻，颜色也更加柔和，烧出的陶器呈肉粉色（图2-77，图中外壁及内壁颜色较深部位即涂抹过“冶丽”，颜色较浅部位未涂抹）。涂抹“冶丽”还能在一定程度上降低陶器的渗水性。因“冶丽”产量极低，在旧社会只有贵族和寺院用的陶器才能涂饰色衣，现在则是根据制陶者个人的喜好涂饰，并且在售价上也与普通陶器无差别。

2.1.5.1.7 彩绘

以上六种装饰手法都是在陶器烧制前进行的，彩绘则是待陶器烧成后，用绘制寺庙壁画的颜料将器表涂抹成不同的颜色（图2-78），但并非是在素面的器表再绘制其他纹饰，而是在已经施以各类纹饰的陶器表面进行涂抹，使得原有纹饰更有层次感、色彩感。一般是整件器物的表面均进行彩绘。

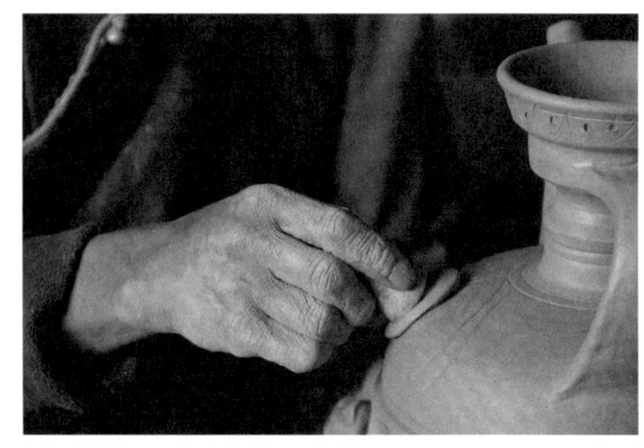

图2-75　压印圆饼纹

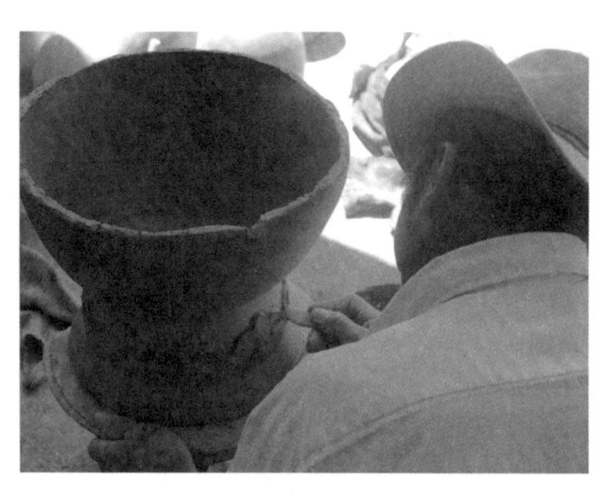

图2-76　减地雕刻

图2-77　涂抹“冶丽”的陶器

图2-78　彩绘陶器

墨竹工卡县塔巴乡帕热村制陶点还有施釉装饰手法。多为红釉。先将釉料磨成粉末状后放到容器中兑水搅拌均匀，再用猪鬃刷涂抹在毛坯表面。因红釉色调单一，有的制陶者会将铝矿石粉兑水后放到窑中与陶器一起烧，烧成后铝矿石结块，再用工具将其敲碎碾成粉末，与未经烧制的铝矿石粉以3：7的比例配合成一种新的釉料，烧出的釉陶红中泛绿。[①]还可将铅锌矿粉碎，与硼砂以2：3或1：2的比例配合后放入烧开的水中溶解，再涂于器表制作釉陶。[②]

2.1.5.2 **纹饰组织方式**

嘎—朗村陶器所装饰的纹饰往往不止一种或一个，其组织方式既有随意的一面，比如基本没有预先的纹饰布局、尺寸设计，完全凭经验判断、决策，但也有着明显的规律性。借鉴朱凤瀚先生对中国古代青铜器纹饰的研究方法，[③]可将嘎—朗村陶器的纹饰组织方式分为对称、二方连续和主次分明三种规律或原则。

2.1.5.2.1 对称

对称是绝大多数纹饰，特别是主题纹饰的组织方式，给人以平衡、稳重和安定之美感。又

① 佚名：《藏地手工大全10大类25种工艺》，《中华手工》，2007年第2期。
② 古格·齐美多吉：《西藏地区土陶器产业的分布和工艺研究》，《西藏研究》，1999年第4期。
③ 朱凤翰：《中国青铜器综论》，上海古籍出版社，2009年。

可分为轴对称和中心对称两类。

轴对称即纹饰的形状与位置以直线为对称轴、向左右两侧延展分布。既有单个纹饰的轴对称也有两个或多个纹饰组合而成的轴对称。单个纹饰的轴对称以羊角纹、水兽和狮子头为代表。两个纹饰的轴对称以钱币纹“章噶”、“所愿尽媄”之宝、心满之宝、标准钱币纹、太阳纹、大宝法王标志、麦穗纹以及贴附的各类圆饼纹为代表，两两对称装饰在肩部、腹部和敞口流两侧。圆饼纹、标准钱币纹常与其他纹饰组合在一起使用，如双蛇纹、双鱼纹（参见图2-94，上腹部）、十字金刚纹、花枝状圆“白久”、“曲日”等，以居中的圆饼纹、标准钱币纹为对称轴。除“曲日”外，其他纹饰在对称轴两侧的方向均为反向。此外，各类“白久”、日月纹、山纹、“曲日”、水波纹、斜方连续纹等的带状连续分布也属于轴对称的一种形式。

中心对称即以圆心为对称中心、向四面八方延展的纹饰组织方式。以钱币纹“章噶”、“章噶查罗”、标准钱币纹、火焰宝、螺旋纹、六角纹、太阳纹、大宝法王标志和花朵纹等为代表。

2.1.5.2.2 二方连续

二方连续为连续纹饰的一种，即将一个单元纹饰向左右两侧反复连续伸展，形成带状分布，因此亦称为“花边纹饰”。所谓“一个单元纹饰”，既有单一的一种纹饰，亦有两种甚至三种纹饰间隔排列而成的纹饰组。单一纹饰如斜方连续纹、日月纹、斜线纹、圆“白久”、鼓“白久”、尖“白久”、典型“白久”、“曲日”、水波纹、山纹等；两种纹饰如圆“白久”和螺旋纹或十字金刚纹（参见图2-92，圈足）、鼓“白久”和曲线纹、鼓“白久”和“曲日”纹饰组；三种纹饰有“曲日”、花朵纹和圆“白久”纹饰组（参见图2-99，圈足）。

二方连续所形成的带状纹饰常用于装饰口部、颈部、腹部和圈足。这一规律性极强的重复排列式纹饰组织形式，具有整齐划一、富有节奏感之特点。

2.1.5.2.3 层次丰富

嘎一朗村陶器纹饰的层次丰富，既有以阴线刻为代表的“单层花”，也有阴线刻和阳文组合的“双层花”和“三层花”，后两者的典型特征是一件器物表面的纹饰不在同一个平面上。刻划装饰手法所产生的阴线纹饰即为“单层花”。“双层花”为各类阴线纹饰和凸弦纹的组合，凸弦纹往往是作为两种纹饰的上下边栏使用。由此组成的纹饰组合，以阴线纹为主纹、凸弦纹为次纹，主、次纹饰所占面积大小不同、表现手法各异，纹饰效果相辅相成、相得益彰。所谓“三层花”，即在凸起于器表的圆饼纹、凸弦纹和浮雕水兽、狮子头上再刻划阴线或压印纹饰，此为第三层花，圆饼纹、凸弦纹、水兽和狮子头为第二层花，周围器表的阴线刻纹饰为第一层花即地纹（参见图2-94）。“三层花”的纹饰组织方式充分利用不同层次纹饰之高低错落的阶次，及阴纹、阳文和浮雕等不同表现手法的并施，形成了层次丰富、虚实相间的视觉效果，克服了在同一平面施以不同种类纹饰的单调感。

圆饼纹中央镶嵌瓷片，用红色清漆涂刷器表后再以金漆勾画水兽和狮子头、点缀花朵纹和螺旋纹的做法（详见下文），更加丰富了纹饰的色彩层次，改变了陶器纹饰色调单一的弱点（参见图2–94）。

2.1.6 阴干

陶坯制作完成后不能直接烧制，因为其中还含有大量水分，直接烧制会造成陶器开裂甚至炸开。嘎—朗村的陶坯虽然在成型过程中已经过数次半阴干，但水分仍然较多，还需进行一次彻底的阴干，以去除其中所包含的水分。因嘎—朗村所在地日晒充足、气候干燥，在不下雨的日子，制陶者会将制作好的陶坯（包括半阴干的初坯）先置于身边，待空间放满、超出了其坐姿状态下手所能触及的范围时，便起身将这些陶坯集中放置到房间、院落、天井或低矮的院墙上等任何空旷且阴凉的地方，也不用考虑是否通风等问题即可令其自然、缓慢阴干。阴干不需要专门的场地，也没有专用的阴干设施。

阴干时均为口部朝上正放，阴干过程中也不需要翻转陶坯。若遇到赶工期也会放到阳光下晒干，若是阴雨天一些大型陶器甚至会用炭烤至干。但用晒或烤的方式速干的陶坯，其表面和内部受热不均、干燥速度不一致，极易产生破坏应力而导致陶器在烧制和使用过程中开裂。

小型陶器一般一天、大型的两三天即可完成阴干入窑烧制，若烧制时机不成熟，如天阴下雨、陶坯数量较少或无时间外出售陶等情况，则可放置到住宅一层的杂物储藏间存放，择机再烧。

2.1.7 烧制

烧制是陶器制作过程中最重要、也是最为关键的一个环节，唯有经过烧制，才能使自然界中存在的普通黏土发生化学性质的改变转化为一种新的物质——陶，即“化土成陶”。只有经过了化土成陶，经历了制坯成型、修整、装饰和阴干等各道工序的人工制品才具备了真正意义上的实用功能，除了能够盛装各类物品外，最重要的在于陶器能做到遇水不化，并能经受住烹饪食物所需的高温。又因为烧制过程中制陶者需要熟练的掌控好八九百度的高温，所以这一步也是陶器制作过程中难度最大的一个环节。由此可见，烧制的成败与否决定了整个陶器制作过程的成败。

2.1.7.1 烧制步骤

嘎—朗村陶器的烧制工艺为无窑烧制的平地露天堆烧，烧前无须预热。因点火前在陶坯和燃料的最外围要用石板围合，顶部也要用干草、动物粪便等辅助燃料覆盖住，可称为“石板围合式平地露天堆烧”。

当阴干的陶坯达到一定量后即可进行烧制。但逢雨天不能烧陶，若是比较急的订单，则在“露天窑”上方搭建临时防雨棚。秋收时节烧陶的较少，一是制陶者在此时都要到田里帮助家人秋收，二是天干物燥容易引发火灾。除此之外的其他任何时间均可烧制，并没有季节性的固定烧陶时间。烧陶的地点，如果自家院落比较大，就在院落中烧，否则就在院墙外的路边烧。烧制规模的大小与烧制场地的大小成正相关，一般情况下，场地越大一次烧制的陶器数量便越多。但如果有需要，即使是一件陶器也能进行烧制。烧陶时家人甚至未成年的孩子都会帮忙从事一些技术性较低的工作，如搬运陶坯、燃料，码放陶坯等。如果人手不够的话，还会雇人帮忙。

烧制分为六个步骤进行：

第一步，搭“窑床”。在地上铺一层塑料布或铁皮，再在其上铺一层上次烧陶留下的泥草灰烬、烧土以防潮。因大部分制陶者都是在固定的地点烧陶，以上工作在第一次于此地烧陶时完成即可。

第二步，码放陶坯、燃料（图2–79）。与其他地区平地露天堆烧不同的是，嘎一朗村烧陶时无须在陶坯底部摆放燃料，陶坯直接放置在“窑床”上即可。大陶坯放在火力较大的中间位

图2–79 码放陶坯、燃料

图2–80 泥草围合

图2–81 放引燃料

图2–82 封闭的露天“窑”

图2–83 焖烧

置，小陶坯放置在四周或者是插在大陶坯之间。为了节省空间，还常将小型陶坯放置在大型陶坯中，也可以将其装在纸箱中。陶坯直接叠垒，不使用支架等垫具。在码放陶坯的同时还要在陶坯间隙中填塞切割成小块的薄泥草块、牛粪、羊粪和马粪等燃料。

第三步，围合。陶坯垒好后，在其外围围合一圈厚泥草（图2-80）。这一圈泥草的作用类似于陶窑的窑壁，较之塞在陶坯之间的泥草更厚、淤泥也更多，这样才能起到闭合的功效且不易坍塌。泥草之外再用石板围合，以防止烧制时内部温度升高致使露天“窑”崩塌。

第四步，引火、封“窑”。引火一般使用易燃、易升温的牛粪，若家中储存的牛粪较少，便会使用掰成小块的泥草作为引燃料。如果两种引燃料均使用，牛粪往往放置在陶坯堆的中心部位。先在露天“窑”旁点燃一堆牛粪或泥草，待其烧旺至炭黑状时用火钳夹起一块一块地放置到陶坯、泥草间（图2-81）。此时用接触式热电偶测得的引燃料最高温度为856℃。如果陶坯堆较大，引燃料便仅能放置在其边沿部位。一边放置引燃料一边用石板围合在陶坯堆的外围，以防止内部温度升高致使整个陶坯堆崩塌。最后再用干草、动物粪便等辅助燃料盖住陶坯堆的顶部，其上再盖一层泥草，由此便形成了一个封闭的露天“窑”（图2-82）。也有的制陶者在将牛粪置入“窑”内前要先进行一个祈福仪式：用火钳夹起一块牛粪放到大门口的路中央，祈求烧陶成功。在西藏的其他制陶点，点火前还要祭祀莲花生大师，并念咒语“请陶匠莲花生保佑，愿窑内窑外通火明亮”。[①]

若陶“窑”较大、且风小或无风时便在点火后半小时用电风扇、鼓风机吹风以加大火力，需要不停地更换吹风的位置使各部位的温度尽量保持一致。待“窑”顶冒烟后即可停止吹风。如果不使用电风扇吹风就需要适当延长烧制时间。

第五步，烧制。烧制期间不需添加燃料、也基本不用看管，制陶者可以离开去做其他工作。因为燃料的特殊性以及草皮或泥草、石板的围合，烧制过程为“焖烧”（图2-83），即在“窑”外看不到明火。但也不是绝对意义上的密不透气的“焖”，“窑”内仍然是开放式的，通风情况很好，内部氧气供给充分，燃料充分燃烧产生氧化焰，使得陶坯中的大部分铁被氧化成高价铁，即红色的氧化铁。制陶者多顿说，陶器是否烧好可以从陶器的颜色看出来，陶器烧成火红色就是烧好了。烧制成功的陶器内外壁、胎体中心均为深浅一致的红色，且不同制陶者烧制的陶器胎色也基本没有差异，这也说明，当地陶土中含铁的成分是一致的。

部分制陶者还会采用一种特殊的烧制方式：将小型陶坯套装在大型陶坯中烧制，大型陶坯口朝下放置。这么做的初衷是为了节省空间、增加装烧量，但如此装烧方式便在大的氧化气氛中形成了一个小型的还原型烧陶气氛，大陶坯内通风不好、氧气不足，铁被还原成氧化亚铁，

① 古格·齐美多吉：《西藏地区土陶器产业的分布和工艺研究》，《西藏研究》，1999年第4期。

图2-84 出窑

图2-85 帕热村支钉

烧成的陶器便呈深浅不一的灰黑色。制陶者误认为这是火候不够造成的，他们还观察到当辅助燃料中的羊粪较多时，或者当装烧量较大时、放在中间的陶器也容易烧成灰黑色。

根据市场销售情况，当地消费者更喜欢的是红陶，但也有部分消费者更愿意购买灰黑陶，认为其质地坚硬更耐用，敲击时还能发出清脆的金属声。因此有的制陶者便专门使用口部残破、无法再继续使用的大型陶器装烧陶坯，装满后口部再用一件陶坯覆盖住，有意识的烧制一些灰黑陶。废陶器装烧方式比大陶坯装烧方式的密封效果更好、还原气氛更强，烧成的陶器颜色便也更深。无论是红陶还是灰黑陶，嘎一朗村陶器只要是烧制成功的，其陶色都是均匀的，斑驳不均的情况甚少。笔者在调查当地陶器废弃情况时，偶尔会发现几片灰色胎心的红陶，数量极少。产生原因是“窑”内通风情况不好、氧气供应不足，致使燃料燃烧不充分产生了一氧化碳，将胎心部位的铁还原为氧化亚铁。

擦擦的情况比较特殊，因其所使用的陶土的特殊性，正常烧制后呈现红色，但是比普通陶器的红色更浅。若是放在大陶器/坯中用还原焰烧制，则呈灰白色。

因烧制过程中使用了牛粪、羊粪和马粪等，粪便中的有机质燃烧后会将临近的陶器器表熏染成紫色、灰紫色。但这种情况并不多见。

第六步，出“窑”。烧制时长为12小时左右，火熄灭后还需要焖五六个小时方可出“窑”。制陶者仅凭陶色判断是否烧好，而非像怒族制陶者那样用小木棍轻敲陶器各部位、根据敲击发出的声音判断是否完好。[①]一般是清晨开始码放陶坯堆，中午十二点左右点火，第二天早上六点左右出“窑”（图2-84）。如果时间紧急也可立即出“窑”，但陶色极容易出现红中泛白的瑕疵。出“窑”时如遇下雨需用塑料布覆盖住整个陶“窑”，待雨停后方可取出陶器，否则陶器遇雨水受凉便会开裂甚至炸开。陶器取出后就放置在院落中降温，之后即可打包、装

① 赵美、万靖：《怒族手工制陶术调查》，《四川文物》，2008年第1期。

车运出出售。也有的制陶者是将陶器打包好后放置在杂物间中，待有时间再运出销售。

受各种主客观条件的影响，嘎—朗村陶器在烧制过程中也存在未烧透的现象，但并不多见，一“窑”陶器中偶尔会有几件陶器未烧透。制陶者主要是通过看陶色来判断是否烧透：未烧透者的颜色更浅，红色中带黄或泛白，而且是斑驳不均的红黄白色。这些陶器的数量如果较少，便会先放置到杂物间中，待下次烧陶时再放入“窑”中第二次烧制。如果数量稍多，便会在出“窑”工作完成后立即重新 “建窑”烧制。无论是哪一种补烧方式，对技术的要求均较高，否则极容易烧过。烧过的陶器一般都是软化变形，烧流、烧融的情况基本不见。总的来看，烧制过程中产生的残次品、废品数量极少，一般就扔弃在烧制场所周围，不会做特殊处理。

笔者调查的另一个制陶点墨竹工卡县塔巴乡帕热村的烧制方式比较特殊。烧陶地点位于村口的高地上，因为属于村里的公共用地，村中制陶者可以自由选择烧陶点，第一次使用后将来都固定在此烧陶。帕热村的陶器烧制需用石头搭垒“窑”床，其上铺满草木灰和稻草，然后再放置陶坯。如果是烧釉陶便只能放置一层陶坯，以免烧制过程中釉料熔化时相互粘连；陶坯口朝下放置，其下需要用三块石头或大陶片或是专门制作的陶质支钉作为支撑，顶部还需倒扣一件废弃的大陶器以防燃烧过程中产生的灰烬落到釉面上，这件大陶器类似于匣钵的作用，其口部需用支撑的三块石头或陶片或支钉（图2-85）垫高以便温度进入。更为特殊的是，酒缸等大型陶器以及烹饪器、酥油灯等需要频繁受火的器物需要进行二次烧制。可以是这些器物单独烧制，也可以与其他器物一起烧制。只需等第一次烧制的器物彻底放凉即可进行第二次烧制。如果烧的是釉陶，则在第二次烧制时上釉。其余工序同于嘎—朗村。另据调查，八宿县白庆乡拉巴村制陶点采用的是穴烧的方式，先在地面挖一个浅地穴，再放置动物粪便和木材等燃料和陶坯；芒康县盐井制陶点使用木柴作为燃料，燃料全部燃成火苗后，在其上覆盖一层土，次日冷却后出窑。[①]

2.1.7.2 **烧制特点**

较之窑烧，无窑露天堆烧的优势是有：建造简单，维护容易，时间、精力、金钱等成本都非常低；装烧量灵活，可以烧数百甚至上千件陶坯，也可以烧一件陶坯。但局限性也非常明显：烧制过程所受外界客观环境的影响较大，且往往没有任何科学的测量仪器，要求制陶者具备丰富的经验才能根据肉眼所见来判断各个步骤的具体操作，即做到炉火纯青；“窑”内温度普遍偏低且不均衡，容易出现未烧透的情况。

较之陶坯和燃料外围没有遮盖物的普通露天堆烧，嘎—朗村制陶者用草皮或泥草搭配石板围合的焖烧方式之最大特点在于，燃料中所含淤泥不会和干草、秸秆、动物粪便等可燃物一起

---

① 齐美多吉、加藤瑛二：《西藏的产业结构与土陶器生产》，《西藏大学学报》，1999年第2、3期。

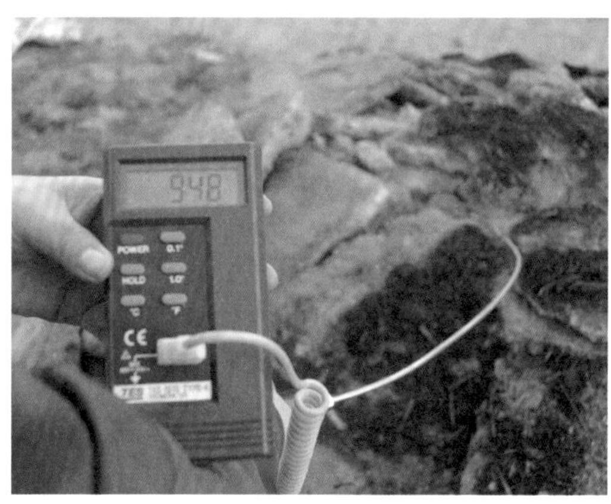

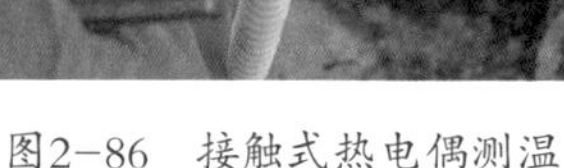

图2-86 接触式热电偶测温

图2-87 红外测温仪测温

燃烧，可燃物燃烧殆尽后淤泥转化为烧土覆盖在陶器上形成一层土壳，再加上围合在外部的石板，使得露天“窑”具备了一定的闭合功能，虽然密闭性能并不好、尚不能与真正意义上的陶窑相媲美，但优势也比较明显，可以说已经具备了部分窑烧的特点：第一，外部环境对“窑”内的影响较小，燃烧过程中风力不大，温度逐渐升高，火势更加均匀、稳定，水分逐渐蒸发，烧成的陶器工艺性能更高。也更方便制陶者灵活控制“窑”内气氛和烧成温度。第二，燃料能得到最大限度的利用，燃烧时间更长，从燃烧后的残余物来看，所有燃料都得到了很好地燃烧。在高海拔地区能做到这一点实属不易。第三，保温效果更好、热量不容易散失，“窑”内温度更高，烧成的陶器质地坚硬。笔者用接触式热电偶（图2-86）和红外测温仪（图2-87）测得的“窑”内最高温度为948℃和938.6℃，达到了露天烧制的最高温度纪录940—962℃，[①]甚至比云南景洪傣族薄壳窑的温度还高，后者的“烧成温度大约在摄氏700度左右”[②]。第四，陶器烧成后，“窑”内温度逐渐冷却，由于温度急剧变化而导致陶器开裂或炸开的可能性大大降低。第五，可燃物不是直接接触陶坯，器表形成黑斑的概率较低，陶器颜色均匀。第六，焖烧不见明火，因烧制引发火灾的可能性大大降低，能在家中房屋旁、院墙边烧制。

2.1.8 陶器制作技艺小结

嘎一朗村制陶技艺的特征非常鲜明，除上文所述外，还存在“通用型”和“个人型”两种有着细微差异的技艺，大部分工具还具备跨用途使用的特点。

2.1.8.1 “通用型”与“个人型”技艺并存

上述成型、修整和装饰技艺是大部分制陶者所采用的技艺，可称为“通用型”技艺。少数

---

① Shepard A. O. , Ceramics for the archaeologist, Washington, DC: Carnegie Institution of Washington, 1985, p. 83.

② 傣族制陶工艺联合考察小组：《记云南景洪傣族慢轮制陶工艺》，《考古》，1977年第4期。

制陶者的制陶技艺带有个性特征，可称为“个人型”技艺。个人型技艺还可分为技术娴熟个人型（a型）和技术生疏个人型（b型）两类。二者的区别如下：

表2-1 嘎—朗村“通用型”与“个人型”技艺

项目	通用型	个人型
陶拍刷水	无此工序。	拍打前需用陶刷在拍面刷水（微量）。
模制法之泥饼	无此工序。	预先制好数个大小均一的泥饼放在身旁备用，以提高工作效率和器物尺寸的标准化程度（a型）。
泥条拼接法之泥条	先将圆形泥条捏成扁圆形粗条状后再拼接。	在拼接过程中将圆形泥条捏扁（b型）。
泥条拼接法之左、右利手	绝大部分制陶者为右利手，右手持陶拍等工具，左手持陶垫；右手持泥条尾端，左手拼接泥条，陶轮顺时针方向转动，新泥条向逆时针方向延伸。	①极少数制陶者为左利手，左手持陶拍等工具，右手持陶垫；右手持泥条尾端，左手拼接泥条，陶轮顺时针方向转动，新泥条向逆时针方向延伸。 ②部分右利手制陶者使用左手持泥条尾端、右手拼接泥条，陶轮逆时针方向转动，新泥条向顺时针方向延伸。 ③极个别技术娴熟的右利手制陶者左右手皆能拼接泥条，且在制作同一件器物时交替使用左右手（a型）（参见图2-23、24）。
泥条拼接法之泥条续高	续高新泥条直接从外侧压住已筑好部分。	先用刻刀在已筑好部分的衔接处外侧刻一圈凹槽，刷水后再续高新泥条（b型）。
慢轮提拉法之修抹口沿	无此工序。	慢轮提拉前，先用皮巾修抹口沿使其更加光滑、平整。
慢轮提拉法提拉步骤	分两步提拉，先逆时针转动陶轮，大拇指在内、其余四指在外，将口部雏形提拉为敛口钵状；继而顺时针转动陶轮，大拇指在外、其余四指在内将口部提拉为敞口或喇叭口状。	一次提拉成型，顺时针转动陶轮，大拇指在外、食指和中指在内直接将口部提拉为敞口或喇叭口状。
器身与附件连接之凹槽	仅刻划数圈圆形凹槽。	在圆形凹槽之上刻或戳斜线凹槽，共计两层凹槽（a型）。
细长颈成型	将捏塑的泥圈套接到器身上、慢轮提拉法成型。	在转动的陶轮上用泥条拼接出颈部雏形后慢轮提拉法成型（b型）。
酥油茶壶成型工序	器身主体筑好后半阴干，再筑流、鋬，即经四次半阴干、分五步成型。	器身主体筑好后直接筑流、鋬，即经三次半阴干、分四步成型。
僧帽成型	将泥条拼接到口沿后再用手捏塑成型。	捏塑成型后再拼接到口沿。
圈足口部、器身口沿	无此工序。	续接一条细泥条以使口沿平整并具有一定的厚度（b型）。
圈足器下半部制作工序	腹部经模制法成型后即行修整，然后再筑圈足。	腹部成型后即筑圈足，之后再与圈足一起完成修整。

续表

项目	通用型	个人型
酥油灯灯盘	内模制法倒筑灯盘，半阴干后正筑时只需修整、装饰即可。	正筑时将内模制法所筑灯盘切除近一半的深度，再用泥条拼接法续接灯盘上半部。续接泥条直接拼接到口沿唇部而非外侧，拼接好后再用手修整，稍稍往下压住已筑好部分。
酥油灯圈足	将圆柱形陶泥按压在灯盘底部，转动陶轮、捏塑出圈足雏形后慢轮提拉成型。	宽泥条拼接出圈足雏形后连接到灯盘底部，再慢轮提拉成型。
圈足固定	圈足器正置筑上半部时，需用贴泥条的方式将圈足固定在陶轮或垫板上。	在陶轮或垫板上刷水以固定圈足。
拼合法成型的拼合处	两个部分拼合在一起即可。	需在拼合处贴一条细泥条以加固器身。
模制法转动工具	陶轮。	陶内模。将陶内模置于扁平石板上，右手持陶拍、左手扶握陶泥的同时推动内模顺时针转动。脱模之后将初坯放置在陶轮上完成其他工序。
陶拍的使用	以拍面拍打器物。	将拍柄用作小陶拍。
手捏修整	无此工序。	切除口部多余陶泥后，制陶者一手缓慢转动陶轮，另一手大拇指在外、四指在内捏制口沿，以使口部更加圆整。
补泥	无此工序。	制坯过程中若发现器壁过薄或是刻划凹槽时用力过大将陶泥刻穿等瑕疵，便在相应部位补贴一块泥片用陶拍拍打紧实或用手捏紧（b型）。
协助及分工	从制陶原料的制备到装饰，均为制陶者一人独立完成。	①家中其他成年男性协助取土；女性、儿童协助完成装饰的涂漆环节。但关键的成型、修整和烧前装饰仍由制陶者独立完成。②家中有两位制陶者，二人合作制作雪鸡壶，分工情况类似于流水线式生产：第一步内模制法筑腹部、慢轮提拉法筑圈足，工序较简单，由儿子完成；第二步合拢雪鸡腹部，第三步筑流、尾及修整、装饰，工序较复杂，由经验丰富的叔叔完成（a型）。

2.1.8.2 工具的跨用途使用

在传统制陶技艺中，工具的使用是至关重要的一个环节，制陶者会根据所制器物的形制、大小等特征以及所运用的成型、修整、装饰手法选用不同的工具，所以每一位制陶者均备有不同种类、大小的数十件工具，即使被请到别人家中帮忙制陶都要携带自己的工具前往。但在具体的制作过程中，也存在一些工具使用不规范的现象，最主要的表现为工具的兼职现象，即有的工具在完成主要用途的同时也会被用于他途，此类现象还比较普遍。具体见下表2–2：

表2-2　嘎—朗村制陶工具的跨用途使用

工具名称	主要功能	次要功能（兼具功能）	次要功能使用情况
陶轮	成型、修整和装饰过程中旋转。	支撑。	个人型。
陶内模	内模制法成型。	旋转。	个人型，且仅用于内模制法成型。
薄陶拍	成型、修整过程中拍打器表。	刮削、抹平器表，刻划凹弦纹及连接凹槽。	通用型。
陶刷	刷水增加初坯等的湿强度。	抹平器表。	个人型。
刻刀	切除边角陶泥、刻划泥条或附件连接处浅槽。	拍打、刮削器表，刻划凹弦纹。	通用型。
刮刀（大型）	刮削器表。	拍打、抹平器表，侧锋刻划凹弦纹、粘贴圈足和附加堆纹的凹槽。	个人型。
皮巾	抹平器表。	蘸水塑型（提高陶泥湿强度）。	通用型。
B型钻孔器	戳刺、镂空纹饰。	抹平小型器物器耳与器身衔接部位。	通用型。

而因为工具的跨用途使用，使得同一工序的完成具备了不同特征：

表2-3　嘎—朗村同一工序所使用的不同工具

用途	主要工具	兼职工具
旋转	陶轮。	陶内模。
拍打	陶拍。	刻刀、刮刀，用于拍打小型陶器及附件。
刮削器表	刮刀。	薄陶拍、刻刀。
抹平器表	磨刀、皮巾。	手指、刮刀（刀面）、薄陶拍（拍面）、B型钻孔器和陶刷。
刻划纹饰	磨刀。	刻刀、薄陶拍、刮刀（侧锋），仅用于刻划凹弦纹。因是在陶轮旋转过程中刻划，连续数周的旋转也能刻划出合适深度的凹弦纹。
刻划连接圈足和附加堆纹的凹槽	刻刀。	刮刀（侧锋）、薄陶拍。
陶泥蘸水	陶刷。	皮巾。

工具跨用途使用的主要目的是为了节省时间、提高工作效率：比如刻划凹弦纹以及连接附件的凹槽，在大部分情况下都是使用刻刀，但也会使用刮刀的侧锋刻划，此类情况都发生在使用刮刀刮削器表之后，且刮削和刻划两个动作相衔接，这样就省去了放下刮刀、更换刻刀的时间。

最后，刻刀、刮刀和磨刀三类工具，外形比较近似，且三类工具除了有主要功能外、都具有兼职功能，特别容易混淆。现区分如下：刻刀的特征是窄而薄，刮刀的特征是宽而薄，而磨刀的特征是中等宽度、刀体较厚。在刀面宽度上，刻刀＜磨刀＜刮刀；刀面厚度则是刻刀＜刮

图2-88 酿酒器

图2-89 拉萨酿酒器

图2-90 背酒罐

图2-91 酒缸（反面）

刀<磨刀。在刀体的使用磨损方面，刮刀的使用力度较大，磨损痕迹最明显，尤以刃部最为突出；其次是刻刀；磨刀的磨损痕迹最不明显。

2.2 陶器种类

嘎一朗村陶器根据形制特征可分为圈足器、平底器和圜底器三类，其中圈足器的数量最多、圜底器最少，因器物下腹部使用圆球形A型内模成型，平底器实为圜底近平。根据器物的用途可分为生活用器和宗教用器两个大类，前者又可细分为酒器、茶器、食器和其他用器四个小类。每个器类的组合均较复杂，但食器和茶器中无碗、茶杯，而是以木碗、瓷杯代替，喝茶多用木碗、瓷杯，抓糌粑则用大木碗；皮碗、皮盘等皮质餐具主要流行于那曲等牧区。

2.2.1 生活用器

2.2.1.1 酒器

酒器多为圈足器，是数量最多的器类，有酿酒器、盛酒器和饮酒器三类：

图2-92　盛装酒壶

图2-93　盛装酒壶

图2-94　僧帽壶

图2-95　A型扁壶

图2-96　B型扁壶

图2-97　雪鸡壶（陶坯）

酿酒器（图2-88），口微敞，带盖，短颈，肩部立双耳，圆腹，圜底，肩部设多孔过滤槽。高约30到40厘米。用于酿造青稞酒，此为日喀则地区的酿酒器，拉萨一带的酿酒器为深腹矮圈足罐形（图2-89），单孔流槽位于下腹部近底处，高约50厘米。

盛酒器种类较多：

背酒罐（图2-90），喇叭口，细长颈，鼓肩，深腹，双耳，高圈足，口下至肩部设鋬，位于与双耳直线相垂直的位置，鋬的对面即酒罐的正面装饰镶嵌青花瓷的圆饼纹。高约50厘米。用于盛放青稞酒，肩部双耳可系绳，便于背负酒罐出行赴宴，酒罐口部覆盖氆氇。使用时，左手扶耳部、右手持鋬往前倾倒取酒浆，酒浆从正面流出。当地村民每逢亲朋有各种喜事、宴会，均背一罐酒去参加。

酒缸（图2-91），大敞口，带盖，束颈，深圆腹，双耳，圈足。高约50厘米。用于家中存放青稞酒。正面装饰镶嵌青花瓷的圆饼纹。

盛装酒壶，敞口，带盖，长直颈，折肩，斜直腹，高圈足（图2-92）或阶梯状高圈足（图2-93），肩后部或立鋬，前部为流，左右或设单、双耳。高约30到40厘米。用于节日庆典等重大活动时盛放青稞酒，使用时常在颈部缠绕哈达。流下部为管状、上部敞口，但仅只是装饰，

图2-98 酥油提炼器

图2-99 酥油茶壶及温茶炉

图2-100 清茶壶（陶坯）

其与腹部连接处并未钻孔，酒浆需用勺子舀出。盛装酒壶的摆放方向有专门的讲究，未盛酒时可以随意摆放，但只要盛装了青稞酒，流的方向一定要朝向房屋的里面，绝对不能朝向门的方向，且每年的具体摆放方向都会进行调整。如果有客人到访，流的方向与客人就坐的方向也不能相反。

僧帽壶（图2-94），口部饰僧帽状装饰，带盖，细长颈，圆肩，圆腹，高圈足，肩后部立鋬，前部为管状流。高约30厘米。用于节日庆典等重大活动时盛放青稞酒。

普通酒壶（参见图2-78），盘口，带盖，直颈，圆肩，圆腹，圈足，肩后部立鋬，前部为管状流。高约30厘米。用于日常盛放青稞酒。

扁壶，杯状口，细长颈，腹部扁平，圜底近平或圈足。分为二型：A型肩部双耳（图2-95），B型肩部为一管状流、一鋬，口部或饰僧帽状装饰（图2-96）。高约15到30厘米。用于日常外出时携带青稞酒，根据个人喜好可大可小，用糌粑塞住口部、放于怀中。

饮酒器有：

雪鸡壶（图2-97），形制特征模仿藏雪鸡，长颈上仰为流，或以上翘的尾部为口，或在背部开口，圈足。高约15厘米。用于节日庆典等重大活动时饮青稞酒，一人一壶。

酒杯，直口，口部或饰僧帽状装饰，直腹，平底或圈足，前有管状流，后有鋬。高约20到30厘米。用于饮青稞酒，一人一壶。

2.2.1.2 **茶器**

酥油茶和清茶是藏族最常饮用的饮品，茶器便成为重要的陶器种类。

酥油提炼器（图2-98），茧型，上部居中位置开口、设鋬，敞口，带盖，短颈，肩部双耳，圜底。高约20到30厘米。注入牛奶后左右摇晃即可将酥油从牛奶中提炼出来。

酥油茶壶（图2-99，左），盘口，带盖，细长颈，圆鼓腹，高圈足，前有管状流、后有鋬。高约30厘米。用于盛放酥油茶。

温茶炉（图2-99，右），敞口，高领，圆腹，双耳，高圈足，腹部戳孔以透气，口部内侧

图2-101 A型煮面锅

图2-102 B型煮面锅

图2-103 煮肉锅（陶坯）

图2-104 蒸锅（陶坯）

图2-105 糌粑盒（陶坯）

图2-106 A型油壶

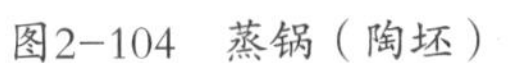

设三个支钉以承托酥油茶壶。高约50厘米。和酥油茶壶配套使用，用于酥油茶的保温。温茶炉内放点燃的牛粪末，可长时间保持酥油茶的温度，且无烟和异味。

清茶壶（图2-100），敞口，带盖，直颈，圆腹，双耳，高圈足。高约30厘米。用于盛放清茶。

2.2.1.3 **食器**

食器有炊器和盛食器两类：

煮面锅，高约20到30厘米，分为二型：A型直口（图2-101），带盖，长颈，双耳，圆腹较深，最大腹径偏上，圜底。B型敞口（图2-102），带盖，矮颈，腹部较浅，最大腹径居中，盖子留一缺口放勺。前者除煮面外还可在宰杀牲畜时盛放牲畜血液。

煮肉锅（图2-103），形制特征与B型煮面锅基本近似，但盖子无缺口。

烙饼锅，高约10厘米，大口内敛，斜直浅腹，大平底，双耳。

蒸锅（图2-104），带盖，分为四层，底层为水锅，上三层为蒸屉，腹部较底层浅，四层均有双耳、大圜底近平。高约50到60厘米。用于蒸藏包子。

糌粑盒（图2-105），大口，器盖较深，圆腹，矮圈足。高约30厘米。用于盛放糌粑。

油罐，带盖，高约30厘米，分为二型：A型，与清茶壶极为相似，唯双耳更靠上立于肩部。B型，杯状口，带盖，宽肩，圆腹，双耳，矮圈足。用于盛放清油。

油壶，带盖，高约20厘米，分为三型：A型（图2-106），直大口，直颈，斜肩，圆腹，大

图2-107 B型油壶

图2-108 C型油壶

图2-109 便壶

圜底近平，前有敞口流、后有鋬。B型（图2-107），小口，细长颈，无流，或有鋬。C型（图2-108），扁壶状，盘口，细颈，无耳。用于盛放、倒清油，也可盛放青稞酒。

2.2.1.4 **其他用器**

便壶（图2-109），分为男用和女用两型，前者口稍小，均为单耳，圆腹，大圜底近平，高约20到30厘米。女用便壶也用作陶器置换粮食的量器。

染缸（图2-110），大口，双耳，圆腹，大圜底近平。大型陶器，高约60到70厘米。用于给氆氇染色。

颜料碟，口微敛，浅腹，圜底近平。高约5厘米。用于盛放绘制壁画的颜料。

花盆，大小不一、形制各样，也有用残破陶器做花盆的。

2.2.2 宗教用器

宗教用器是嘎一朗村陶器中非常重要的一类，生产数量也较多。在西藏，宗教用器主要用于敬神、祭祀和陪葬。特别是在早期藏族社会，陶器不仅用来装盛娱神酬神的供品，更是财富和权力的象征，在举行重大的宗教仪式和活动时使用，其功能类似于中原夏、商、周时期的青

图2-110 染缸

图2-111 大型煨桑炉

图2-112 中型煨桑炉

图2-113 酥油灯和粉状香焚香炉

图2-114 柱状香焚香炉（陶坯）

铜器。[1]

大型煨桑炉（图2-111），敞口，长颈且分多层，深腹，高圈足，上腹部戳孔以透气，下腹部一侧开炉口。高约50到70厘米。使用时需要用水泥等将其固定在屋顶女儿墙转角处，逢年过节或有喜庆之事时在其中点燃香料，煨桑炉顶部升起的“桑烟”即为献给神佛的祭品，称为“煨桑”。如果是供奉给寺庙的煨桑炉，体型比家用的还要高大，一般放置的寺庙屋顶或是大门前供信众煨桑。

中型煨桑炉（图2-112），形制近似温茶炉，体型稍小，高约20厘米，双耳系绳或铁丝，挂于家中门前煨桑，或是逢藏历每月八日、十日、十五日、二十五日、三十日，各家各户的家庭主妇手提中型煨桑炉集中到村中地方神所在的山上举行祭祀活动。

粉状香焚香炉（图2-113，右），分为单耳和无耳二型，以前者更为常见，大口，圆腹，高圈足，上腹部戳孔以透气。高约10到15厘米。用于家中屋内焚烧粉状香。

柱状香焚香炉（图2-114），长方盒形，直腹戳孔以透气，四足。高约10厘米。用于家中屋内焚烧柱状香。

盘式香插（图2-115），形式多样，一般都是圈足器，区别在于盘心部位的立体装饰，有佛

---

① 熊文彬：《西藏艺术》，第93页，五洲传播出版社，2002年。

图2-115 盘式香插（陶坯）

图2-116 四面八方酥油灯等（陶坯）

图2-117 融油器

图2-118 圣水瓶

塔、鸟等造型。高约10到20厘米。盘底周边钻一圈小圆槽型香眼以插燃柱状香。也有的在盘心部位筑一小碗，如此便即可插燃柱状香亦可燃粉状香。

酥油灯，分为二型：A型为圆形（图2-113，左），灯盘大口，直腹，长柄，高圈足，灯盘底部中心钻一个或三个小圆槽型灯眼以放置灯芯。大小不一，大者高约40厘米，小者高约10厘米。也称为长明灯，藏族多信仰藏传佛教，寺院佛堂、家中佛龛一年四季都要供奉此类圆形的酥油灯。是嘎一朗村陶器中产量最高的一类。B型为长方形、四足（图2-116），称为“四面八方酥油灯”，内底钻三排、九列共27个圆形小灯盘，每个灯盘的中心部位再钻一个灯眼，即一次可点燃27个灯芯。长约30厘米。四面八方酥油灯属于丧葬用器，逝者在家中“停灵”期间，需在其身旁点燃四面八方酥油灯，以帮助逝者找到通往天堂的路。

融油器（图2-117），形似A型油壶，但鋬在流侧面。高约15厘米。用于融化酥油供奉神佛。

转经筒架，小口，口沿外翻，长颈，半球形腹，大平底。高约20厘米。用于插放转经筒。

圣水瓶（图2-118），小口，口沿外翻，长直颈，圆腹，高圈足，有流无鋬。高约20厘米。用于盛装圣水，或是插孔雀羽毛。

宝瓶，小口，口沿外翻，长直颈，圆腹，圈足。高约20厘米。用于盛放五谷、经幡、珠宝等，用布料盖住后，或在建房时塞于住房四个方位的墙、地基中，或放于家中，或放于房顶拜神处。

擦擦，大小不一，背面平坦，正面浮雕或圆雕佛教造像、佛塔、坛城等，以佛教造像为主，有佛、菩萨、本尊神、护法神、高僧活佛等。

供茶杯，上部为圈足杯、下部似灯盏。高约10厘米。用于向神佛供奉头茶。

供食器，形似煮肉锅，无盖、双耳位置更高，圜底。高约20到30厘米。在丧葬仪式中用于为逝者象征性地供奉食物。丧礼期间，将供食器用绳子挂在住房外墙上，每逢用餐时间，家人要在供食器中点燃牛粪，在其上放置糌粑、酥油等食物，逝者的灵魂便是通过闻食物受热、燃烧所产生的馨香而进餐。供食七七四十九天后，由为逝者送葬的三位亲朋将用白色哈达包住的供食器放到附近的河水中流走，意味着为逝者送灵。

2.3 陶器生产组织及场所

嘎—朗村陶器生产在1949前以家庭为生产单位，1949后人民公社时期在嘎益村成立了8个互助小组集体生产和销售陶器，每个互助小组有4个人，2人制陶、1人赶驴、1人售陶，每个组有六头驴用于运输陶器。互助小组设组长进行日常管理，上下班时间都有严格规定，制陶和售陶分工明确，不会制陶的组员便外出售陶。各个小组都集中在一起制陶、存放陶器，再集中烧制、出售，售陶后换回的钱或购置回的粮食、兽皮和棉花等物资由管理村里物品的村管家在村民中进行统一分配。

1982年实行家庭联产承包责任制后，互助小组解散，每个制陶者分发一个陶轮后回家自己制陶，又恢复到家庭作坊式生产模式，从陶器的制作到销售全都以家庭为单位进行。一个家庭就是一个生产单位，大部分家庭都是一个制陶者，少数家庭有两个制陶者，关系或为父子或为叔侄或为兄弟。陶器制作、销售的绝大部分工作都由制陶者亲自完成，家中其他成年人有空时会协助做一些技术含量不高的工作，如挖陶土、烧陶时搬运并码放陶坯和燃料、涂抹清漆等，后两项工作年龄稍长的孩子也可帮忙完成。也就是说，每个制陶户制作、出售的陶器产品，绝大部分都是制陶者本人及其家庭成员的成果，但也有两种特殊情况：其一是学徒的加入。嘎—朗村制陶技艺的传承为师徒传承模式，徒弟一般会拜本村有亲戚关系的制陶者为师学习制陶，拜师时仅有一个简单的仪式。学徒期间，徒弟从最基本的挖土、制陶原料的制备开始学起，师傅根据徒弟的学习进度安排教授的内容，直到最关键的制坯成型、修整、装饰和烧制环节都熟练掌握了才能出师。在此期间，徒弟的制陶成果归师傅所有。其二，当制陶者接到数量比较大、工期比较短的订单时，如果自己不能按时完成，便会请关系好的制陶者协助制陶。帮忙的制陶者会携带工具到主人家中制陶，大部分工具若主人家中有多余的也可不带，但陶轮必须是自己携带，使用“自己用惯了的”陶轮。制陶的原材料为主人家备好，陶器制好后归主人所有。主人家除承担帮忙者工作期间的饮食外，不需再以金钱或礼品的方式表达谢意，只需在帮忙者将来遇到类似情况时无条件的提供援助即可。除了制陶外，陶器的烧制也有互助的形式：若制陶者因各种原因急需烧制少量陶器，此时正逢关系较好的其他制陶户烧陶，征得对方同意后便放入他人的“窑”中免费烧制。陶器烧好后，制陶者均能区分出自己制作的陶器。

嘎—朗村制陶者均是男性，且为全职制陶，仅在农忙时节参与数日的农业劳动，其他工作时间专职制陶、不再兼任农业生产和家务劳动。女性制陶者，笔者调查的制陶点中，朗卡村有一位女性因为好奇并且也有时间，便向自己的丈夫学习了制陶技艺，但是也基本不参与制陶；长期参与制陶的，只有卡麦乡那吾村的一位七十多岁的老奶奶年轻的时候有过制陶经历，但因为各种原因未能对其进行访问调查。

制陶者属于当地的手工业从业人员。在西藏历史上手工业者的社会地位非常低，特别是制陶者仅略好于被视为最低贱者的铁匠和屠夫，被称作含贬义的“陶民”。因为制陶者长期与红土打交道而将红土“吃”到了肚子里，弄脏了整个身子，所以他们的身份遭人嫌弃：即使是一般的农民，也不会与制陶者亲近，更不用说在一个碗里吃饭；日常生活中，其他人无论年龄大小都直呼其名，谈及制陶者时也是以鄙视的语气，将他们和烧炭者归为一类，称为“红色制陶者，黑色烧炭者”；制陶者去参加节庆喜事宴席都不得入席，只能自带餐具坐于门后、席地而坐进餐；外出售卖陶器时不会有人留宿；制陶户的女儿嫁不出去，只能在本村的制陶户中寻婆家；雇佣制陶者到家中制陶时，制陶者只能在特定地点活动，绝不允许进入主人家中，完工后主人还要在制陶者住过的房间煨桑以驱邪，制陶者用过的器具或是让其带走，或是扔到远处，他们吃剩的饭菜也不能喂狗，因为狗吃了会永远沦为畜牲不能转世为人类。[①]但随着制陶业带来的良好经济收益，这种情况目前在嘎—朗村已经基本消失，制陶者在家中、村中都享有与其他家人、村民一样的家庭及社会地位。

大部分制陶者并没有专用的制陶场所，往往是在院落中和泥、炼泥，在天井制坯、修整和装饰，在天井或院落阴干，在院落或院墙外的路边烧制，住房一层杂物储存间存放陶坯、陶器。个别制陶户在院落中、田地边建有简易陶房；在院落中挖地窖或是在屋角搭设木架用于阴干、堆放陶坯，不见专业的凉坯棚。

朗卡村有个别人家院落较大，陶房建好后邀请几位亲戚、朋友集中到一起制陶，陶坯阴干后再各自背回家中存放、烧制。20世纪90年代时，在嘎益村村委会前有一块约40平方米的空

---

① a.次仁央宗：《西藏墨竹工卡县民间制陶业情况调查》，《中国藏学》，1993年第3期。
b.古格·齐美多吉：《西藏地区土陶器产业的分布和工艺研究》，《西藏研究》，1999年第4期。

地，制陶者在家中做好陶器后集中到此一起烧陶，烧陶用的石板都是大家共用的。

2.4 陶器流通

陶器流通指的是陶器由制作者通过各种方式转移到使用者、消费者的过程。陶器生产系统的核心是市场，它影响了器物生产从收集陶土、制作、装饰到流通等每一阶段的很多选择，这些选择都是制陶者在考虑市场潜力后决定的。[①]在民族志和现代农业社会中，产品的流通和交换有三种形式：互惠式、市场交换和强制性再分配。[②]Michael Deal[③]、Carol Kramer[④]、William A. Longacre[⑤]的研究都曾提到，即使是在大部分或所有家庭的陶器需求都能自给自足的情况下，仍然有许多具有特殊意义的陶器通过礼物赠送或特别的物物交换在一个确定的社会群体成员中流通。在嘎—朗村，由于大部分人家都会制作陶器，以礼物赠送为代表的互惠式流通在村落中非常少见，笔者调查的制陶者中，仅有一位曾经在学徒出师时赠送了几件陶器。但有一种非常特殊的置换式流通方式：不会制陶的人家需要陶器时，会自己上山挖取陶土，请村中的制陶者帮忙制陶，然后自己烧陶，作为报酬支付给制陶者货币，或是在对方需要的时候提供其他形式的帮助。但这种形式并不常见。1949年前，主要的陶器流通方式是纳税和市场交换两种形式，基本不见强制性再分配，即统治阶层强制性征收制陶者的陶器且不支付任何报酬，之后再以赏赐的形式分配给自己下属、臣民的流通方式。据研究，在五世达赖喇嘛时期，西藏地方政府明文规定制陶者在每年藏历三月末为政府进行一次较大规模的无偿劳役。到了十三世达赖喇嘛时期，西藏地方政府又重新为制陶者制定了新的纳税制，在五世达赖喇嘛时期所制定差税的基础上还增加了每隔一至二年为达赖喇嘛的夏宫罗布林卡支付各种陶器差。[⑥]另据朗卡村72岁的制陶者达瓦欧珠介绍，1949年前卡麦乡一带的制陶者都要给江孜宗交陶税，“会转陶轮的人都要交税”。每年藏历十月二十五日甘丹昂曲时要把陶税送到江孜宗宗山上，每个村都要交六个大染缸。此外还要给日喀则县、南木林县及江孜县的四个寺院交税，每个村要向每个寺院交温茶炉

---

① Choksi A.，“An ethnoarchaeological study of pottery manufacture in Kutch,” p.X.Ph.D. Dissertation，Maharaja Sayaji Rao University of Baroda, 1994.

② Polanyi K.，“The Economy As Instituted Process,” Polanyi, K.，ed.，Trade and Market in the Early Emp í re, The Free Press, 1957，pp. 250–256, 243–270.

③ Deal M.，Pottery ethnoarchaeology in the Central Maya highlands, Salt lake City: University of Utah Press, 1998.

④ Kramer C.，Ceramics in two Indian cities, Longacre W. A.，ed, Ceramic ethnoarchaeology, Tucson: University of Arizona Press, 1991.

⑤ Longacre W. A.，ed, Ceramic ethnoarchaeology. Tucson: university of Arizona Press, 1991.

⑥ a.陈崇凯：《西藏地方经济史》，甘肃人民出版社，2008年。
b.张天锁：《西藏古代科技简史》，西藏人民出版社，1999年。

四套。作为陶税的陶器，由制陶者们自己协商轮流制作，陶器必须涂抹色衣“冶丽”。去寺院交税时僧人们会给制陶者送一些路上吃的食物，并给牲畜喂食。

1949年后则以市场交换为主。市场交换又分为以物易物和以货币为媒介的出售两种形式，均为“制陶者到消费者”的交换方向，即制陶者将陶器运到交易市场或是消费者家中进行交易。以前是制陶者或家中男性成年人肩背或是赶着毛驴、马车或牛车外出售陶，因路途遥远，很多人会带上被褥等日常生活用具。现在或是乘坐长途班车外出售陶，每次运两三百件陶器；经济条件较好的制陶户还购买了手扶拖拉机、皮卡车外出售陶，每次运六七百件陶器。但偶尔也能见到赶着马车售陶的制陶者。每年大概四次外出售陶，主要是秋天和冬天。基本上，所制陶器全都用于出售，以补充家庭收入。因为当地的农业及其他经济活动收入不高，制陶收益占了家庭总收入的绝大部分。收益较好的制陶户，每年售陶收入可达10万左右，一般的也能达到三五万元。距离近的到江孜县、白朗县，每次外出15天左右即可售完；距离远的到拉萨市、拉孜县、定日县、萨迦县、仁布县、康芒县、山南市、尼木县、林芝市、阿里地区等地，大概要1个月。除拉萨市外，很少有固定的交易市场，大部分情况下都是走街串巷式售卖。拉萨市作为最大的陶器售卖点，售陶市场一般集中在曲米路、嘎玛贡桑乡、大昭寺附近或太阳岛等边缘地带。市场交换中以物易物的形式至今仍存在，所换取的都是家中缺少的食物和日常生活用品，如到羊卓雍错、山南、浪卡子、那曲一带牧区换牛羊肉、牛羊粪和皮毛，到江孜、白朗、拉孜、日喀则一带的农区换粮食，到山南、曲水等地的林区换木材等等。一般是1对价值60元左右的煨桑炉换3个羊头；1个煨桑炉换5斤粮食，或1根木材，或1张羊皮；四五个煨桑炉换1张牦牛皮；1套酥油茶壶和温茶炉换五六个单位（以女用便壶为度量单位）的粮食，或五六斤好肉，或3到6根木材，或3缸干萝卜；1个190元左右的酒缸换2麻袋羊毛，或1个藏被子，或1袋粮食，或七八根木材；3个酥油灯和1个煨桑炉换1条羊腿。但以物易物的形式不会专门进行，一般是在售卖陶器的途中完成。

第三章
云南汤堆村传统制陶

3.1 汤堆村陶器制作技艺

3.1.1 制陶原料及其制备

3.1.1.1 陶土

汤堆村制陶所用陶土均取自村子周边的山上，有西木谷的萨剥山、萨西贡、降斯皆胜、归巴古等，离居住地大约两三公里。多为制陶者亲自上山取土，家中其他成年人也会帮忙。取土没有固定的时间，一般都是家中的陶土用完后再去取土。用锄头挖取陶土后用袋子或背篓背回家中，也有产量较大的制陶户使用手扶拖拉机运送陶土，一车可以用数月甚至一年。陶土取回后散铺在麦场或自家院落的空旷场地晾干。晾干过程需避开雨天，若天气晴朗晾一两天即可，若逢阴天则需四五天。因陶土的粘结度较高，晾干后均需用木槌敲碎，有的人家甚至使用拖拉机碾压。待木锤敲在陶土上发出“噗噗”声即表明敲碎工序完成，之后根据陶土的干湿度情况再晾干一段时间。

各家的陶土配方是不同的，大部分制陶者所用陶土为三种土混合，分别是红色黏土、白色砂石以及汤满河风化砂石磨成的石粉，以黏性较大、可塑性强的红色黏土所占比例最大，达一半以上甚至三分之二。白色砂石一般在制作大型器物、炊器时添加，若是小型陶器或陈列陶器则可不放，风化石石粉的比例也可减少。所以大部分陶器实为夹砂陶，白色砂石实为羼合料。几种土即可混在一起晾干、敲碎，亦可分别晾干、敲碎后再混在一起。

和泥前需用筛子或簸箕干筛陶土以去除植物茎叶、碎石等杂质。陶泥加工的基本程序同于嘎一朗村，但炼泥时仅用手揉，不用双脚踩踏、石锤捶打。制陶者表示，陶泥越揉越有弹性，所以在时间、体力允许的情况下会尽可能地多揉一段时间。如果和泥时水加多了导致陶泥太稀，则需将其放在太阳下晾晒一段时间后再行炼制。炼好的泥揉成团状并用塑料布包裹后放在桶中备用。一般和泥一次可用十天左右，多者可达一月。陶泥无须陈腐，可以直接制陶，但很多制陶者也知道放置一段时间的陶泥比刚炼好的陶泥更加细腻、容易塑型，因此刚炼好的陶泥通常会用于制作器型简单、体量较小的陶器，待陶泥放置一段时间后再制作器型复杂、体量较大的陶器。但也不会刻意进行陈腐。

制陶前的深度炼泥仍采用手揉的方式。制陶者跪坐于案台前，将之前炼好的大团陶泥先分解成小团，重新组合成中等大小后再次揉泥。若感觉陶泥含水量较低，在炼制过程中需要加水。炼制完成后将陶泥盖上塑料布、置于案台旁备用。

3.1.1.2 **其他材料**

制陶工具绝大部分为木质，木料均产自当地的山上，树种有香木、松子木、核桃木和杜鹃根等，以香木为最佳、核桃木最常用，前者质地细腻光滑，后者木质坚硬、经久耐用。

脱模剂为非常细腻的沙土。拍打泥片、泥饼前撒在案台表面，以便于取下泥片、泥饼。

瓷片，用于镶嵌在陶器表面起装饰作用，为破旧瓷器的残片。制陶前，先收集碎瓷片，再用铁锤和铁砧将大块的瓷片敲打成圆形、三角形或方形的小瓷片，瓷片大小根据陶器的尺寸确定，大陶器使用边长约2厘米的大瓷片，小陶器使用边长约1厘米的小瓷片。瓷片加工好后放在盒子里备用。瓷片越薄越好，以防止镶嵌过程中戳穿器壁。

燃料主要是松木，一是因为云南松是当地种植较多的一类树种，村子周围的山上都有，二是松木中蕴含大量的松脂能使火焰旺盛，在短时间内便能达到较高的温度。起初是烧陶前制陶者及其家人自行上山砍树，一般是砍已经死亡干枯的树或树枝；如果可以砍的枯木不够用，就会砍仍然存活的树木，这就需要提前砍好树放在山上晾干后再背回家中烧陶。后来由于保护林业，近几年已不能再随意砍伐松木，制陶者通常会选取山上捡拾的枯木以及旧房拆下的废料、盖新房不用的边角料等作为燃料。辅助燃料有干稻草、锯末和干树枝等易燃物。

熏料，即熏黑陶器的材料，有青稞谷壳、锯末、碎木屑和松针等树叶。熏料可以反复使用十多次，颜色逐渐变黑，成灰后废弃。近几年也有制陶者使用橡胶轮胎作为熏料。

浸液，即涂刷在器表或浸泡内壁的液体，以防使用过程中陶器渗漏。汤堆村浸液为酸奶渣水、青稞面水或米汤水。

3.1.2 制陶工具

汤堆村传统的陶器制作工具均为木质，大概在20世纪70年代开始出现金属工具。可分为陶土加工、制坯成型、修整装饰和烧制熏制工具四大类：

3.1.2.1 **陶土加工工具**

木槌，槌身粗、柄部细的中长木棍，用栎木制成。锤头粗约10厘米、柄部粗约5厘米，长约100厘米。用于敲碎陶土。使用痕迹位于锤头和柄部，以锤头磨损最为严重。

筛子，木质框架，金属筛网，更早以前为竹编筛网，网眼大小不一，用于干筛陶土，去除

图3-1　转盘（反面）

图3-2　陶锤

图3-3　陶拍与陶垫

其中所含植物茎叶、碎石等杂质。边长约30厘米。使用痕迹为筛网磨损。

簸箕，竹质，用途同于筛子。使用痕迹为筛网磨损。

用于挖土的锄头、铁锹、十字镐等，装土的麻袋、背篓等均非制陶专用工具。

3.1.2.2 **制坯成型工具**

案台，长方形厚木板，长约150、宽约60、厚约10厘米。一般用松木制作。用作制陶工作台，基本上所有的制坯成型、修整和装饰工序均在其上完成。使用痕迹位于台面上，为工具刮去泥垢的刮削痕迹。

转盘，木质，平面为切除四角的方形。正面为平顶，反面为圜底，中间厚、四周薄。大型转盘的圜底需要更加凸起，往往会在底部固定一个小型转盘（图3–1）。转盘是初坯成型、修整和装饰时的旋转工具，较厚的中心部位即为一简易的转动中心轴，用手扶住转盘周边的任意一处推动即可转动转盘，其上放置的初坯亦跟随其转动；同时也是大部分初坯成型、阴干时的承托工具，故每位制陶者均备有大小不一的十几甚至数十个转盘用于制作不同尺寸的陶器，大的边长约50、厚约7厘米，小的边长约10、厚约2厘米。转盘转速较慢且不能持续转动，需不停地用手推动。如果圜形底部稍微不平整，制坯过程中就容易倾斜。使用痕迹主要在圜底，为旋转过程中产生的摩擦痕迹。21世纪10年代初，汤堆村从景德镇引进慢轮之后转盘仍未被淘汰，而是将其放置在慢轮上使用，慢轮更主要的功能是垫高。

薄木板，多为三合板，正方形，尺寸同于转盘。慢轮引进后，少部分制陶者将其放置在慢轮上作为承托工具使用。使用痕迹不明显。

陶锤（图3–2），用木质沉重的松子木制成，“7”字形，锤头较粗大。用于捶打陶泥、加工泥片，是汤堆村制陶最关键、核心的工具。长约40到50厘米，锤面直径约10厘米。使用痕迹位于锤面、顶面、侧面以及手柄部位。

陶拍，用核桃木制成，可分为三型：A型（图3–3，左二），体型最大，长约35到40厘米，拍面宽度约6到8厘米，拍面最厚处约1厘米。拍面纵截面呈三角形或梯形，其功能是用拍面的上半部将陶泥拍打为大泥片，侧面亦可用于刮削泥片。B型（参见图3–9），体型较小，长约30厘米，拍面最宽处仅约3厘米，刃宽约1.5、厚约1厘米，拍面一面平坦一面呈扁圆弧形凸起。用于拍打、修整器表。C型（图3–4，左四到七），拍面较B型更薄且有前刃和两面侧刃，除用于拍打外，更常用于刻划凹槽，刮削、抹平器表、唇部，前刃用于戳刻大泥片的褶皱。D型（图3–3、4，左三），尺寸近于A型，拍面厚度一致，一面素面、一面刻划横向线条。使用痕迹在拍面、前刃、侧刃部和柄部。

陶垫，分为二型：A型，木质，蘑菇状。高约8厘米、头部直径约7厘米。B型，木质，头端较柄部粗，或呈蘑菇状，细长柄，长约30、直径约4厘米。B型陶垫专用于空间狭小、不能手持A型陶垫部位之拍打。分为二亚型：Ba型为直柄（图3–3，左一；图3–5，左三、四），Bb型近头端为弯柄（图3–5，左二、五），后者专用于制作茶壶。使用痕迹，头部不明显，柄部为手握痕迹。

压条（图3–5，左一），细木条，头端稍微加宽。长约20、宽约2厘米。主要功能是压紧初坯器身各连接部位，也用于刮削、抹平器物内壁。使用痕迹位于头端和柄部。

内模，陶质，基本特征同于嘎—朗村A型陶内模，但器壁更薄。尺寸大小不一。使用痕迹不明显。

外模，陶质，用于制作藏八仙、印章。尺寸大小不一。使用痕迹不明显。

切刀（图3–6），木质，多用香木制成，因其木质油滑在刻划陶泥时比较顺畅。基本形状为梯形，刃部多在侧边，单刃。长约15到20、宽约5厘米。用于切除多余陶泥、刻划连接凹槽、从案台或转盘上分离大泥片或初坯以便将其取下、刮除各类工具上残留的泥垢。前刃和侧刃均可使用。使用痕迹位于刃部和柄部。近几年有的制陶者使用金属小刀、铲刀代替切刀。

量器，木质或金属质地，分为二型：A型为长条尺形，尺面用笔画或刀刻出不同的长度尺寸，但没有具体的尺寸数值。B型为圆形，近几年甚至使用金属锅具、水杯的盖子代替。用于测量初坯各部位的尺寸，以提高陶器制作的标准化程度。使用痕迹不明显。

水盆，用于盛水。有铁盆、塑料盆，甚至使用残破陶器。使用痕迹不明显。

图3–4　磨刀与陶拍

图3–5　陶垫、压条

图3-6 切刀

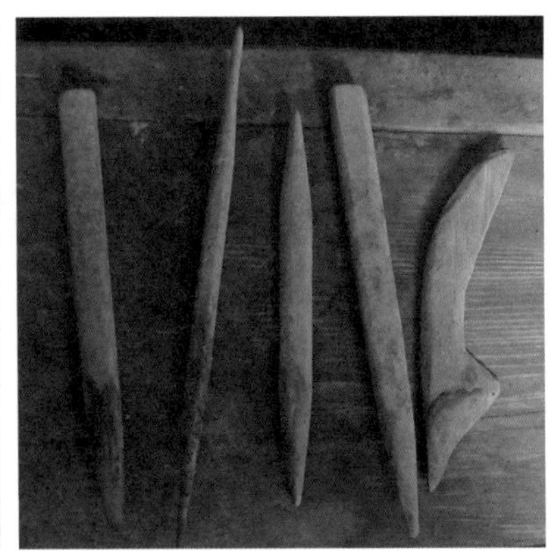

图3-7 钻孔器和磨刀

塑料布，阴干过程中用于包住需要续接泥片的半成品，以保持其湿强度。大块塑料布用于陶泥的收藏、保湿。

3.1.2.3 **修整装饰工具**

磨刀，用香树木制成。较之嘎—朗村磨刀，刀面较窄、刃部更加锋利。长约20到30厘米，刀长约10、宽约2到7厘米。根据用途和形制特征分为三型：A型为内磨刀（图3-7，左五），主要用于修整器物内壁，单刃，刃口一角往前延伸形成尖峰状以便修整空间狭小的位置。B型为外磨刀（图3-4，左一），主要用于修整器物外壁。双侧刃，前锋在刀刃中部。C型为窄磨刀（图3-7，左四），刃部较窄，宽约2厘米，器壁内外的修整皆可用之。使用痕迹明显，位于刃部和柄部。

雕刀，用香树木制成。两端或一端有刃，两端者一宽刃一窄刃，刃边转角非常锋利。长约20厘米、刃宽约0.5到2厘米。用于雕、刻纹饰，亦可修整器表。使用痕迹明显，位于刃部和柄部。

钻孔器，分为二型，A型为废旧手电筒的头圈，矮圆圈状。孔径约4厘米，用于钻火锅火塘的主漏灰孔，亦可用于刮去案台上的泥垢。使用痕迹不明显。B型为锥形钻孔器（图3-7，左一至三），前峰尖锐，后端为圆头。粗细不同，长约25、粗约0.8到2.5厘米。使用前锋以钻孔或是戳孔的方式制作酥油茶壶、陶壶的流，后端用于火锅副漏灰孔的定位。使用痕迹在前锋，后端痕迹不明显。

戳孔器，圆形或半圆形细竹管，长约15、孔径小于1厘米。用于制作“初森”、水麒麟头、牛头等浮雕动物纹饰的眼睛。使用痕迹不明显。

皮巾，麂皮、鹿皮或牛皮制成，以鹿皮为最佳但已很少见，现多用牛皮。长约20到30、宽约7厘米。用于蘸水抹平初坯表面。使用痕迹在皮的反面。

藏八宝印模，陶质。用于印制藏八宝纹饰。

铁锤、铁砧，后者为圆柱形，固定在木座上使用。用于敲装饰用瓷片。使用痕迹不明显。

牦牛毡，牦牛毛制成，用于烧制前后打磨陶坯、陶器表面。现在不少制陶者使用普通毛巾代替。使用痕迹不明显。

短木棍，制作火盆的水麒麟头时用于支撑。长约15、宽约3厘米。使用痕迹不明显。

3.1.2.4 烧制熏制工具

挑杆，长木棍，长约150到400厘米。用于在火堆上戳孔以透气、挑出烧好的陶器以及熏制过程中为陶器翻身。装烧量越大、火势越旺所使用的挑杆越长。使用痕迹明显，位于前端，为火烧痕，在使用过程中逐渐变短。

火钳，功能同于挑杆，用于小规模或是火炉中的陶器烧制。使用痕迹不明显。

铁锹，用于铲熏料。使用痕迹不明显。

铁锅或陶锅，用于盛放浸液。使用痕迹不明显。

炉灶，并非制陶专用工具，平时更多地用于炊煮、取暖，主要用于陶坯预热，亦可烧制小型陶器。

松针，用于蘸浸液涂刷器表。

3.1.3 制坯成型

汤堆村陶器的成型过程，除酥油茶壶器盖外，其他器类均为分步成型，需要至少一次半阴干方可成型。成型工艺主要有大泥片围合法、压模法、捏塑法和外模制法。其中，大泥片围合法最为常见，压模法次之，二者也是汤堆村陶器成型工艺区别于其他地区的典型特征之所在。所谓大泥片围合法，即先用拍打或捶打的方式制好厚薄均匀、适度的长方形大泥片，用量器定位、用切刀切除四边多余陶泥，并在长边边缘做出褶皱后，将泥片首尾相接、围合在一起。各类器物的腹部基本都是用大泥片围合法成型。压模法即先用拍打或捶打的方式制好厚薄均匀、适度的圆形泥片，再将泥片放置在陶内模上，用双手或陶拍拍打泥片的方式使其与陶模完整的贴合在一起。双手拍打泥片的同时带动转盘顺时针方向转动。压模法用于制作通用器盖。模制法为外模制法，用于制作藏八仙和印章。捏塑法用于制作器耳、鋬及盖钮等附件。大型、器型复杂器物的器身部位需使用混筑法成型。成型顺序，正筑法、倒筑法兼用。大部分陶器的成型、修整和装饰过程都在转盘上完成，但转盘的使用频率低于嘎—朗村陶轮的使用频率。

制坯及修整、装饰过程中，制陶者盘膝坐于案台前，陶泥、工具集中放置在身体右侧，个别工具会放置在左侧。也有的制陶者将案台架高，坐在椅子上制陶。

3.1.3.1 A型火锅

A型火锅是汤堆村陶器中成型过程最复杂的器物，先倒筑、后正筑，经两次半阴干、分三步方可成型。

图3-8 捶打火塘泥片

图3-9 压模法筑火塘

图3-10 B型钻孔器压副漏灰孔圆窝

第一步，倒筑法筑火塘、炉灰塘。

首先，用压模法筑放置木炭的火塘（近底部为火塘，上半部为火锅锅体的下腹部）。

①用切刀或A型钻孔器将案台上的泥垢清理干净。

②用手掌拍打、按压的方式将陶泥加工成圆形厚块状泥饼。

③在案台上撒一层脱模剂，将泥饼置于其上，右手倒握陶锤，用陶锤顶面或侧面锤薄陶片。具体做法是：陶锤锤面朝向泥片圆心方向、顶面或侧面沿泥片四周不停捶打，同时用左手顺时针方向旋转泥片以保证各部位捶打均匀、厚薄一致，并随时用手指修整泥片边缘以保持形状的圆整性。捶打过程中泥片无须翻面，仅捶打一面；陶锤顶面或侧面需蘸水以保持足够的湿度，防止与陶泥黏在一起。为防止泥片黏在案台上，需用手不时地将其移至案台上有脱模剂的位置后再行锤打。因捶打时间较长，需随时补撒脱模剂。捶打痕迹为长圆窝状，一端深、一端浅。

④火塘中心部位受火较多需要更高的冷热急变系数，需要在其表面撒一层细砂后用锤面反复捶打。之后改用陶锤锤面继续捶打泥片（图3-8）。陶锤顶面或侧面捶打是为了锤薄陶片，用力较大；而锤面捶打是为了锤平陶片，用力稍小。锤面捶打的痕迹为圆窝状或半圆窝状，也有深浅之分。

⑤泥片厚度达到要求后，将其移到一旁，将陶内模置于转盘上移到身前，双手抬起泥片将其置于陶模上，用双手或B型陶拍拍、压泥片，使其与陶模完整的贴合在一起（图3-9）。其间，通过拍打的力量带动转盘顺时针方向转动。

⑥再次在火塘中心撒细砂，并用B型陶拍平坦的一面将其拍打紧实。

⑦用左手中指按压火塘中心部位以定位，用A型钻孔器在此处钻一圆孔，作为主漏灰孔。在其四周再用B型钻孔器的后端压出一圈共八个圆窝，作为副漏灰孔（图3-10），但此时尚不钻透。

⑧用C型陶拍的拍面抹平火塘表面漏灰孔以外的器壁，抹平方向上半部为横向下半部为斜向

图3-11 捶打炉灰塘大泥片

图3-12 大泥片切边

图3-13 C型陶拍做褶皱

图3-14 大泥片围合法筑炉灰塘

图3-15 手指捏紧泥片围合叠压处

图3-16 拍打炉灰塘底部

（由下而上），其间用左手逆时针方向缓慢转动转盘。

⑨用右手大拇指指甲在火塘口部适当位置刻出定位阴线，再用切刀切除口部多余陶泥。其间用左手逆时针方向极缓慢的转动转盘。

⑩用右手大拇指的指甲在副漏灰孔外围刻出定位阴线，再用C型陶拍的前刃在阴线处刻划一圈斜线凹槽，以黏结炉灰塘。凹槽外侧即为火锅盛放食物的锅体。其间用左手顺时针方向缓慢转动转盘。

⑪将火塘初坯连同内模、转盘一起置于一旁待用。

其次，用大泥片围合法筑盛接炉灰的炉灰塘。

①将陶泥搓成长圆条形，粗细根据泥片的宽度决定，宽泥片需用粗泥条，窄泥片则用细泥条。先用手掌将泥条拍扁，撒脱模剂后将泥条放在上面、用陶锤将泥条锤打为泥片（图3-11）。捶打方向从左往右继而从右往左反复捶打，先用陶锤的侧面或顶面将泥片锤薄、再用锤面进行修整以使整个泥片的厚薄一致。因炉灰塘所需泥片较大，锤打时间较长，中途需要用双手将泥片提起置于腿上、再撒一次脱模剂后再行锤打。

②待泥片厚薄达到要求后，用切刀切除两侧短边、靠近身侧的一侧长边的多余陶泥（图3-12）。再用A型量器在另一侧长边定位、用切刀在定位点刻出痕迹，即确定泥片的宽度。经验丰富的制陶者也无须定位。最后用切刀切除定位长边的多余陶泥，将泥片裁取成一块规整的长方形泥片，长度、宽度稍大于炉灰塘的周长和高度。

③在靠近身侧的长边上用C型陶拍压出或戳出褶皱（图3-13）。

④将火塘初坯连同内模、转盘斜置于腿上，将长泥片有褶皱的一边围合到火塘凹槽上。围合时先将泥片中部抵在火塘上（图3-14），然后头端先就位放置好，继而尾端就位、从外侧轻压住头端，即可将长方形的大泥片围合成圆筒状炉灰塘的雏形。泥片与案台接触的一面为炉灰塘外壁，用陶锤锤打的一面为内壁。

⑤将转盘放置在案台上，从泥片头端开始、用手指压紧炉灰塘与火塘连接处以整合炉灰塘的形状，最后用手指捏紧泥片围合叠压处（图3-15），用切刀切除多余陶泥。若是中型特别是小型陶器，则是先捏紧围合叠压处、再压紧连接处。

⑥用C型陶拍的拍面、侧刃拍打炉灰塘开口（实为底部）唇部，以压紧炉灰塘和火塘的连接处，再用手指、压条反复压紧、修整连接处。用B型陶拍拍打炉灰塘的口部使其稍稍内敛。

⑦用C型陶拍、磨刀修整炉灰塘、火塘外壁。

⑧用C型陶拍在炉灰塘开口的唇部刻出凹槽后，将初坯、内模及转盘一起置于一旁备用。

再次，筑炉灰塘底部。

①用陶锤制作一圆形泥片，用带刻纹的D型陶拍在其表面拍打出刻纹，翻转后将带刻纹的一面拼接到炉灰塘底部，并用陶拍无纹的一面或C型陶拍轻拍数下连接处以加固（图3-16）。

②将第二块转盘盖在炉灰塘底部，右手抬起内模和初坯、左手扶住第二块转盘后双手上下翻转，即可将初坯正置于第二块转盘上。此步骤后即为正筑法成型。

③取下内模，修整火塘的口沿、漏灰孔与连接处：陶拍蘸水后用拍面和侧刃轻拍口沿唇部；压条蘸水后从主漏灰孔伸入炉灰塘、压紧其腹部与器底连接处（图3-17）；用手指、压条侧面修整主漏灰孔唇部。

④用磨刀修整炉灰塘外壁下半部，用切刀切除炉灰塘底部与腹部连接处的多余陶泥，再用B型陶拍前端往前戳的方式压紧切口，用C型陶拍的拍面抹平切口及其与炉灰塘连接处。

⑤用B型陶拍拍打的方式将火塘开口由敞口改为敛口。拍打过程中不使用陶垫，空拍或是偶尔用手指垫在内壁。

图3-17 压条压紧炉灰塘腹部与器底连接处

图3-18 B型钻孔器钻副漏灰孔

图3-19 C型陶拍刻划粘结烟囱的斜线凹槽

⑥用B型钻孔器将副漏灰孔戳穿并行修整（图3–18）。

⑦用C型陶拍在火塘内壁、副漏灰孔外围刻划一圈粘结烟囱的斜线凹槽（图3–19）。凹槽内侧为火塘、外侧为火锅盛放食物的锅体下腹部。

⑧用塑料布包裹住火塘开口处，将其置于一旁半阴干。接下来会制作另外一到两件火锅（一天的工作量是两三件火锅）的火塘、炉灰塘，之后再开始筑第一件火锅的烟囱。

第二步，正筑法筑烟囱、上腹部。

首先，用大泥片围合法筑烟囱。

①搓泥条，用A型陶拍蘸水将案台抹湿后将泥条放在上面，用A型陶拍将其拍打成厚薄均匀的长方形片状。陶拍从左往右继而从右往左反复拍打，其间根据需要蘸水抹湿案台，同时也使陶拍保持一定的湿度。

②泥片厚薄合适、均匀后，用A型陶拍的侧边刮削泥片表面，使其更加平整。

③用切刀切边、C型陶拍在长边做褶皱。

④用切刀分离泥片和案台后，左手提起泥片的一端将其递给右手、再提起另一端，即将泥片翻面后再进行围合，泥片与案台的接触面为器物内壁、与陶拍的接触面为器物外壁（图3–20）。

⑤用手指压紧烟囱和炉灰塘连接部位。压紧时，右手手掌顶在火塘外壁，左手大拇指和食指用力下压烟囱壁。手掌还需加一个往后推的力，即可带动转盘顺时针方向缓慢旋转。压紧一圈后，左右手交换工作，如此反复数次。再改为右手持压条修整内、外连接处，左手手掌顶在外壁并带动转盘旋转。

⑥右手顺时针转动转盘，用左手手指捏紧的方式修整烟囱壁，使其更加圆整。

⑦用C型陶拍修整烟囱的开口部位，并刻出或是用手指捏出续接泥片的凹槽。

⑧用大泥片围合法再续接三层泥片，以加高烟囱。续接的新泥片较第一层泥片更宽，均是从外侧压住旧泥片，但重叠处很窄，宽约1厘米。围合后先用手指捏紧新旧泥片连接处，再捏紧新泥片的头尾连接处。

⑨左手垫在外壁、右手持压条修整烟囱内壁泥片连接处，用力方向为由下往上。

⑩左手垫在内壁、右手持磨刀修整外壁连接处，用力方向由下往上、由上往下交替进行。

⑪用C型陶拍从上往下拍打烟囱口部（图3–21）。

⑫用塑料布包住烟囱和火塘口部，半阴干（图3–22）。

第三步，成型。

①用大泥片围合法筑火锅锅体的上腹部（图3–23），工艺同于续接烟囱。

②再续接一层烟囱。

图3-20 筑烟囱第一层

图3-21 C型陶拍拍打烟囱口部

图3-22 火锅半阴干

图3-23 大泥片围合法筑火锅锅体上腹部

③修整、装饰炉灰塘、锅体。

④用捏塑法筑器耳。具体程序同于嘎—朗村：在器身相应位置刻划连接凹槽，用手捏塑器耳后将其按压在凹槽上，最后进行修整、装饰。

⑤将初坯斜置于腿上，用木刀削去底部多余陶泥。

⑥用粗细不同的B型钻孔器在炉灰塘上钻孔作为透气孔。

⑦用切刀在炉灰塘近底部开半圆形或圆形大口作为出灰口。

⑧修整、装饰。

⑨阴干备烧。

3.1.3.2 **煮锅、炒锅等**

煮锅、炒锅采用正筑法，经一次半阴干、分两步成型。

第一步，筑腹部、口部。

①用陶锤捶打一圆形泥片以为器底，放置在转盘上备用。

②用A型陶拍拍打一大泥片，切边、做褶皱后将其置于器底上、头尾两端围合即为圆筒状腹部。若为大型陶器需将转盘斜置于腿上再行围合，小型陶器则是放置在案台上围合。

③用C型陶拍从上往下拍打腹部开口。

图3-24 切刀削薄腹、底转折处陶泥

图3-25 拍打腹、底转折处

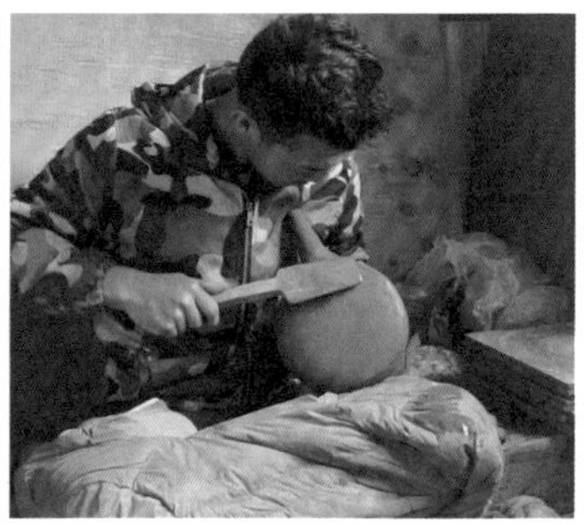
图3-26 将大平底拍打为圜底

④用切刀切除器底多余陶泥。

④用陶拍拍打的方式将直腹改为弧形腹、大口改为小口。

⑤用D型陶拍有横向线条的一面拍打腹部。

⑥用陶锤捶打一窄长条形泥片，将其重叠围合在腹部开口处的外围，用手指捏紧后，先将A型陶垫垫在内壁、用B型陶拍拍打外壁。然后再将左手食指抵在外壁适当位置、右手持C型陶拍竖向拍打内壁口沿，将直口拍打为束颈、敞口。

⑦用捏塑法筑器耳。

⑧用磨刀、皮巾修整器表，装饰。

⑨用塑料布包裹住底部，连同转盘一起置于一旁半阴干。

第二步，修整器底。成型。

①将初坯从转盘上取下后倒置于转盘上，用切刀削薄腹、底转折处的陶泥（图3-24）。

②用B或C型陶拍拍打腹、底转折处（图3-25），再将初坯斜靠在腿上，左手持A型陶垫垫在内壁、右手持B或C型陶拍拍打外壁，将底部外围部分修整为弧形，即将大平底改为直径稍小的平底甚至是圜底（图3-26）。因此时初坯已经有一定的干强度，拍打过程中陶拍需不时蘸水以提高初坯的湿强度。

③阴干备烧。

3.1.3.3 酥油茶壶

酥油茶壶的腹部筑法同于煮锅、炒锅，采用大泥片围合法成型，特别之处在于管状流、细长颈及盘口的筑法。采用正筑法，经两次半阴干、分三步成型：

第一步，用大泥片围合法筑腹部。用B型陶拍拍打的方式将大口改为小口。用手捏的方式将口沿稍微外翻以作为连接颈部的榫头。修整、装饰后，用塑料布包裹住底部，置于一旁半阴干。

第二步，筑颈部、盘口、流。

①用大泥片围合法筑颈部，成型后用手捏的方式将其捏薄、拉高，再用C型陶拍拍打整形。

②修整、装饰颈部。

③用大泥片围合法筑盘口，用C型陶拍整形后再将其拼接到颈部。

④修整、装饰盘口。

⑤用B型钻孔器在器身装流的部位戳一圆孔，再将一更细的B型钻孔器插入圆孔将孔壁由内往外翻做出凸起的榫头，修整后再用钻孔器的尖端在榫头外侧根部戳刻连接凹槽。

⑥用陶锤捶打一长方形泥片，将其围合成圆管状，用切刀切除泥片连接处多余陶泥后，将左手手指或B型钻孔器插入流的内腔进行修整，手指和B型钻孔器起到了类似内模的作用。

⑦将流套接在器身榫头上。先用手指压紧连接处后，再用左手持Bb型弯柄陶垫垫在腹部内侧，右手持C型陶拍拍打流与器身连接部位使其结合更加紧密、牢固。

⑧用手弯出流所需要的弧度。

⑨修整。

⑩用捏塑法筑鋬、流口衔接横梁，并行装饰。

⑪半阴干。

第三步，修整器底。成型。

①将初坯从转盘上取下后修整器底。

②阴干备烧。

普通茶壶的管状流较短，可以采用另一种成型方式：将一团泥捏塑出基本形状后粘结到器身上，经修整后用B型钻孔器在泥团上戳孔以为茶壶的流，再通过旋转钻孔器的方式扩大流径。戳孔时将左手手指垫在茶壶内壁。

3.1.3.4 靴形茶罐

煮茶用的靴形茶罐腹部并非常见的圆形器，呈一端稍尖的靴形，敞口流。其成型过程为正筑法，经一次半阴干、分两步完成。

第一步，筑腹部、流。

①用大泥片围合法筑腹部，围合时即造型成靴形，经拍打修整后用切刀在靴头上腹部切开一道口，切口深度即在靴头顶部，再将切口两边的泥片捏合在一起，经拍打修整后形成靴面。

②用大泥片围合法在腹部上续接出直口。

③用捏塑法筑出敞口流的基本形状后，将其贴附在直口相应位置。

④修整、装饰。

⑤用捏塑法筑鋬。

⑥用塑料布包裹住底部，连同转盘一起置于一旁半阴干。

第二步，修整器底。成型。

①将初坯从转盘上取下后修整器底。

②阴干备烧。

3.1.3.5 **火盆**

火盆为圈足器，正筑法，经一次半阴干、分两步成型。

第一步，筑火塘。

①基本程序同于煮锅、炒锅腹部的筑法，但火盆的火塘为折腹，做法是：用右手大拇指指甲或切刀在转折处刻一圈阴线以定位，再用B型陶拍拍打的方式将直腹改为折腹。

②用续接泥片的方法筑火盆脚架，再用切刀切割成所需要的形状。

③在火塘上腹部钻透气孔。

④修整、装饰。

⑤用塑料布包裹住底部，连同转盘一起置于一旁半阴干。

第二步，筑圈足。成型。

①倒置火塘初坯，用B型陶拍拍打的方式将平底改为圜底。

②用右手大拇指指甲在连接圈足的部位刻出定位阴线，用C型陶拍的前刃在其上刻划一圈斜线凹槽以连接圈足。

③用大泥片围合法筑圈足。

④修整、装饰。

⑤倒置阴干备烧。

酥油灯等圈足器的成型过程同之。

3.1.3.6 **器盖**

汤堆村陶器器盖根据成型工艺的不同可分为通用器盖和火锅器盖两类。

3.1.3.6.1 通用器盖

通用器盖即煮锅、炒锅和酥油茶壶等器物的器盖，除酥油茶壶器盖外，盖深尺寸普遍较小，蘑菇状盖钮。正筑法，经一次半阴干、分两步成型。

第一步，筑盖面。

①在案台上将陶泥揉成圆柱状，再用陶锤整形为合适的尺寸，最后用切刀将陶泥切成厚度均匀的泥饼，并用手掌拍扁，置于一旁备用。

②在案台上撒脱模剂，将泥片置于其上、用陶锤的锤面或顶面进一步锤扁泥片。

③在转盘上撒脱模剂，将锤好的泥片翻面置于其上后放置在一旁半阴干。半阴干过程中无须包裹塑料布。接着锤打其他泥片。

第二步，成型。

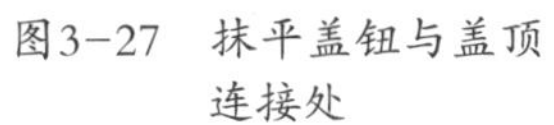

图3-27 抹平盖钮与盖顶连接处

图3-28 将平顶器盖改制为弧顶器盖

图3-29 C型陶拍轻拍盖沿唇部

①将B型圆形量器或是与器盖搭配使用的容器反扣在锤打好的泥片上定位，用切刀沿其边缘切除多余陶泥。再用C型陶拍拍打泥片四周切面及边缘修整其形状。

②以手指测量的方式定位泥片圆心，用B型钻孔器在圆心处戳一圆槽，并在其四周刻划凹槽。

③捏塑盖钮，并用C型陶拍整形，用B型钻孔器在盖钮底端中央部位戳一圆槽，并在其四周刻划凹槽。用按压的方式将盖钮粘贴到盖面上。

④用磨刀抹平盖钮与盖面连接处（图3–27）。

⑤用C型陶拍拍打、手捏的方式将盖钮修整为蘑菇状。

⑥用切刀分离器盖初坯和转盘后，将初坯取下置于撒过脱模剂的内模上。

⑦用双手或C型陶拍轻拍的方式将平顶器盖改制为弧顶器盖（图3–28）。

⑧用C型陶拍轻拍盖沿唇部（图3–29），用磨刀的侧刃、刀面以及手指、皮巾修整盖面及盖钮。

⑨将器盖连同内模一起置于一旁阴干以保持其形状，待器盖具备一定的干强度后再将其取下放在架子上阴干。

3.1.3.6.2 火锅器盖

火锅器盖为短直口、弧顶，顶部中间中空。正筑法，经两次半阴干、分三步成型。

第一步，用大泥片围合法筑器盖口部及部分顶部。

①拍打一长方形泥片，用切刀切除一长边、两短边的多余陶泥，长度稍大于器盖口径。

②用A型或B型陶拍将转盘表面抹湿，以使转盘和泥片有一定的粘结度。将大泥片切过边的长边置于转盘上围合成圆筒状，用量器测量出合适的口径后即可将围合处首尾两端捏紧。

③将少量陶泥压紧在圆筒与转盘连接处，起到加固的作用。

④用C型陶拍拍打圆筒的口沿，用手指修整口沿。

⑤用B型陶拍拍打的方式将圆筒改制为弧顶。

⑥修整、装饰。

⑦用塑料布包裹住器盖与转盘连接处，连同转盘一起置于一旁半阴干。

第二步，①用大泥片围合法续接一圈盖顶，以进一步缩小盖顶口径。

②用量器测量好合适的盖顶口径后将多余陶泥切除。

③修整、装饰。

④置于一旁半阴干。

第三步，成型。

①用捏塑法筑把手。

②用切刀分离器盖口沿和转盘，将器盖倒置于转盘上修整口沿。

③阴干备烧。

3.1.3.7 藏八仙、印章

藏八仙、印章用外模制法、一次成型，成型过程与嘎—朗村擦擦基本相同。

3.1.3.8 成型小结

汤堆村陶器成型过程亦分为一次成型和需经至少一次半阴干的分步成型两类，前者用于制作小型、简单器类。半阴干时需要保持湿强度的器身部位要包裹塑料布。除火锅、酥油茶壶和火锅器盖外，大部分器物成型仅需一次半阴干，且在半阴干前器物已基本成型，半阴干后仅需修整器底，因此需用塑料布包住底部后再行半阴干，以使其保持一定的湿强度，方便后期的修整、定型。分步成型各步骤所筑器身的连接，酥油茶壶、圣水壶的盘口为拼合法，即先用大泥片围合法筑出盘口后再将其拼合到颈部，拼合前已筑器身的连接部位也无须半阴干，所以并非严格意义上的拼合法，与嘎—朗村拼合法形成鲜明对比。其余器类均为续接法，即在已筑好的器物身上继续筑其他部分。与嘎—朗村不同的是，绝大部分情况下已筑好的器身无须经过半阴干即可续接，因此也不用在器身连接部位刷水以增加湿强度，且在连接部位刻划连接凹槽的情况也不多见。在器底上续接腹部时，器底圆形泥片与腹部长方形泥片相垂直，且连接部位不需刻划连接凹槽。为了加固连接，或是用B型或C型陶拍拍打腹口唇部，而且是多次反复拍打，如此腹壁便会稍稍嵌入器底；或是用手指或压条压紧内壁连接处，从而在内壁留下圆窝痕迹。在腹部续接颈部，以及火锅烟囱续高、火锅器盖续接盖顶时，新泥片多是从外侧压住旧泥片，但仅只是稍稍压住、叠压部位非常窄，连接处留下明显的横向泥缝。之后用手指捏紧，或是用压条和磨刀打磨连接处，或是用C型陶拍从上往下拍打新泥条口部的方式加固连接。在腹部续接口部泥片则比较特殊，系将其重叠围合在腹口外围，先加厚器壁再用B、C型陶拍拍打的方式塑型，从而在口部器壁剖面上留下内外两层泥片叠压的纵向泥缝。

除火锅外，大部分器物都采用正筑法成型，仅在最后一步修整器底时倒置。器身主体各部位的成型，均要使用到陶锤捶打或A型陶拍拍打而成的大泥片。底部使用陶锤捶打的圆形泥片成型，故大部分器物均为平底器，根据需要可用B型陶拍和A型陶垫拍打为圜底。腹部使用陶锤捶打或A型陶拍拍打而成的长方形大泥片首尾两端重叠、围合而成，雏形为圆筒状直腹，根据需要用B型或C型陶拍拍打为弧腹、圆鼓腹甚至是折腹。圈足、颈部、敞口亦采用大泥片围合法成型，再用陶拍修整定型。器耳、鋬及盖钮等附件用捏塑法制作，流采用大泥片围合法成型。

附件与器身的连接方法均为粘贴法：先在器身连接部位用切刀、C型陶拍或B型钻孔器刻划数道凹槽以增加结合面及粘结力，无须刷水即可将附件按压到凹槽上。流的连接需要先在器身上做出榫头。

大泥片围合法是汤堆村最具特色的成型工艺，不见于其他地区。除了外模制法成型的藏八仙和印章外，其他所有器物的腹部、颈部、口部、圈足，甚至流均采用该工艺成型。其虽与嘎—朗村泥条拼接法及更为常见的泥条盘筑法、泥条圈筑法有着相同之处，即均是将加工好的陶泥首尾相接、拼合在一起，尾端从外侧压住头端，但区别也更加明显：大泥片围合法必须先用陶锤或A型陶拍将圆形泥条锤／拍打为扁平、厚薄均匀、宽窄不一的长方形泥片，再将泥片首尾两端重叠、拼合在一起。泥片的厚度基本就等于器壁的厚度，围合后的拍打及其他修整工序基本不改变泥片的厚度和高度，其目的仅只是为了塑型，即改变器壁的弧度。若所筑部位较深，则需要再续接新泥片。为了与其他工艺相区分并突出这一成型工艺的最大特色，笔者将这一泥片拼合的方式称为“围合”。较之其他成型工艺，大泥片围合法在器身上留下的泥片拼接所产生的泥缝痕迹很少。绝大部分容器的关键部位腹部仅需一块泥片即可成型，因此在纵向上仅有一条泥缝；横向上则无泥缝，仅在腹部与器底、颈部或口部的连接处各有一条横向泥缝。因大部分器物在修整底部时，会用陶拍拍打的方式将大平底改为直径稍小的平底或圜底，腹部与底部连接的泥缝相应的便由底部上移至下腹部。压模法亦是如此，其虽与内模制法一样也要将陶泥放置在内模上完成塑性，但必须先用陶锤将圆形泥饼捶打为扁平、厚薄均匀、直径各异的圆形泥片。压模后只需使泥片与陶模完整地贴合在一起、借助陶模的形状完成塑型即可，无须再用拍打的方式拍薄、拉长泥片，所以拍打仅只是稍稍用力，内模和泥片上均不需撒脱模剂。

由此可见，用陶锤捶打圆形泥片，以及陶锤捶打、A型陶拍拍打长方形泥片，是汤堆村陶器成型最基础的工序。产生的拍打痕迹，若是以陶锤侧面或顶面拍打，痕迹为两侧高、中间低呈横向分布的长方形窝痕；若用陶锤锤打，痕迹为横向分布的圆窝；若使用A型陶拍拍打，痕迹则为与泥片长边基本垂直的直线条。

陶坯成型、修整和装饰过程中，部分情况下需保持转盘旋转，但旋转的频率和转速明显低于嘎—朗村。笔者调查期间所见制陶者均为右利手，除陶垫用左手持握外，其他工具均用右手持握。转盘相应的为逆时针方向旋转。汤堆村制陶的另一个特色是用手塑型、修整的概率比较高，在徒手工作、不使用工具的工序，左右手会轮换工作，转盘相应的顺时针、逆时针交替旋转。

汤堆村的制陶者会采取一些措施使器物的尺寸尽可能地保持一致，即提高产品的标准化程度。具体做法有：①制作器盖盖顶时，先在案台上将陶泥揉成圆柱状，再用陶锤整形为合适的尺寸，最后用切刀将陶泥切成厚度均匀的泥片，并用手掌拍扁，置于一旁备用。②使用量器或手指在泥片、初坯上定位后再用切刀切除多余陶泥，或是刻划连接凹槽。

3.1.4 修整

与嘎一朗村一样，汤堆村制陶的修整、装饰工序是在制坯成型的过程中即进行的，每结束一个部位的成型即进行修整、装饰，然后再开始下一部位的成型、修整和装饰。修整的方式，按照实施步骤主要有手捏、拍打、刮削、抹平和补泥五种。但这些步骤也并非绝对意义上的先后顺序，在器身的同一部位，各种修整方式会反复多次进行。比较特殊的是，在陶坯阴干后及熏制完成后，还需用牦牛毡抹光器物表面。而因为制坯、修整和装饰的绝大部分工序都需要将初坯放置在转盘上完成，器底的修整则是在其他部位修整、装饰完成之后才进行的。

3.1.4.1 手捏

手捏修整的位置主要是口部。较之嘎一朗村，汤堆村制陶手捏口部的频率更高、时间也更长，基本每一次大泥片围合之后，均要用手指捏口部的方式圆整器形，大拇指在外、四指在内。手捏之后，在口部内外壁留下明显的手指压痕。

3.1.4.2 拍打

拍打修整的部位遍及器物全身，包括各类附件，但大平底器的底部基本不需拍打。所用工具为B、C型陶拍和陶垫。

拍打修整的目的有四：一是为了塑型，即将大泥片围合而成的圆筒形直腹改为弧腹、圆鼓腹或是折腹，将大平底拍打为底径稍小的平底或是圜底，并使腹部和底部更加圆整。二是消减陶泥中所含气泡及泥片拼接时所产生的泥缝，以加强初坯胎壁的紧实度。三是拍平手捏留下的手指印痕，主要是修整捏制而成的器耳等附件。四是用B型或C型陶拍从上往下拍打口沿唇部，一方面是为了加固口沿泥片与连接部位的衔接，使其更加牢固，另一方面是修整口沿使其更加平整（制作大泥片时，作为口沿的长边往往不用切刀切边）。因为特殊的成型方式，汤堆村陶器基本无须通过拍打使器壁变薄、变长（深）。除附件外器身主体部位的成型均是使用经过反复锤/拍打的圆形或长方形泥片，初坯表面及剖面所留泥缝也不多，因此用陶拍拍打初坯的以上四个目的中，消减泥缝和气泡是最弱的。

无须用拍打的方式拍薄、拉长器壁，也就意味着拍打的力度不是太大，拍打过程中使用陶垫的频率便不高，更多的时候，特别是中小型陶器的拍打是用左手手指作为内垫，甚至是不使用任何内垫物的空拍。由此，陶拍在外壁，陶垫和手指在内壁留下的痕迹也不深。

拍打也是在转盘旋转的过程中进行的。汤堆村的转盘属于比较原始的旋转工具，没有轴承、仅是靠转盘圜形的底部旋转，需要更大的推动力量方可带动其旋转，在空拍时需要用左手转动转盘；左手持陶垫或是以左手手指作为内垫物时，左手需要发出两个力，一个是与器壁、陶拍垂直方向的力，用以顶住陶拍，另一个则是用手腕的旋转产生的、与拍打方向相反的力，以此带动转盘往反方向旋转。

3.1.4.3 **刮削、抹平**

在汤堆村，大部分制陶者在围合器物的腹部、颈部时，是将泥片与案台的接触面作为器物的外壁，外壁本就已经非常平整，而内壁在拍打结束后也常用陶拍的侧刃进行一次刮削，如果所制陶器上需要浮雕“初森”、水麒麟头等纹饰，还会专门用切刀刮下一层细泥用于制作纹饰的眼睛。再加上拍打修整后产生的痕迹也不深，基本上已不需要再通过刮削的方式平整或是减薄器壁。所以刮削修整的频率很低，甚至可以说，除了口沿部位的刮削外，真正意义上的、能在工具上粘附一层泥垢的刮削并不常见。像嘎—朗村制陶者那样用其他工具刮去刮刀上的泥垢、或是将刮刀插入身旁陶泥以去除泥垢的动作便很少见。而除了在工具上留下泥垢外，刮削与抹平在动作上基本没有区别，因此笔者将刮削和抹平修整放在一起介绍。

刮削抹平修整的部位同于拍打，不同的是，除内底外，器物内外壁均需进行修整。所用工具为磨刀刃部和刀面、雕刀刃部、切刀刃部、C型陶拍侧刃和拍面以及皮巾，偶尔也会用手指抹平器表。各种工具中，皮巾为抹平专用工具，且皮巾抹平是在其他工具刮削抹平之后方才进行，为刮削抹平的最后一道工序。但并非所有的部位均要用皮巾抹平，最常见的是抹平口沿。修整过程中工具需不时蘸水，以保持足够的湿度。因转盘的稳定性较差，修整时往往要将左手垫在修整位置的另一侧（图3–30）。

图3–30　刮削抹平修整

还是因为转盘转速较慢的原因，除了使用皮巾外，刮削抹平的方向少见围绕初坯一圈的横向刮削抹平（效果不好且不容易操作），绝大部分都是竖向操作。且横向上也多为一段一段进行的，连贯的圈形操作很少见，在器表所留下的痕迹便呈一段段的横向短线条。竖向的刮削抹平，内壁均为由下往上，外壁由下往上、由上往下均有，以前者更为多见。刮削长度由短而长。刮削抹平后便在器表留下竖向的细密线纹。

3.1.4.4 **补泥**

部分制陶者会用大泥片切边时切下的陶泥，或是专门搓出的小泥条加固泥片围合连接处，以使其更加牢固。当拍打的大泥片边沿或是器物的口部出现瑕疵时，也会用相同的方法进行修

图3-31 手指甲刻划弦纹

图3-32 雕刀刻划莲花纹

图3-33 通用器盖上所饰吉祥结和双鱼纹（陶坯）

补。如此，便会在器壁表面及剖面上留下修补泥片的泥缝。

3.1.5 装饰

与嘎—朗村不同，汤堆村的制陶工具D型陶拍系一面素面、一面刻划横向线条，因此在初坯的成型、修整过程中便会产生兼具修整、加固和美化陶器的纹饰，即所谓的“纹”。当然，并非所有的“纹”都是装饰性的，或者说未必都是出于美化器物的目的做上去的。[①]通过对当地制陶者的访谈，汤堆村的“纹”是具有装饰性特征的。但“纹”并不常见，仅用于装饰C型煮锅、蒸馏器和酿酒器的腹部，种类也仅有蓝纹一类，施用的频率也不高。陶器上的大部分纹饰还是在初坯修整完成后出于审美的目的特意装饰而成，即所谓的“饰”。成型、修整和装饰三个步骤也是交替进行，修整工序亦可分为器型修整和纹饰修整两类。

3.1.5.1 装饰手法及纹饰种类

汤堆村陶器的装饰手法主要有刻划、浮雕、镶嵌和印纹四类，其中以刻划最为常见。刻划、镶嵌与印纹多施于器身主体部位，浮雕则多运用于流、把手、脚架等附件处，个别施于上腹部。

3.1.5.1.1 刻划

汤堆村刻划纹饰的工具为雕刀和手指甲（图3-31），雕刀有明显的刃口和锋利的转角。刻划过程中无须蘸水。刻划纹饰亦可细分为刻纹和划纹两类（图3-32）。刻划方向与嘎—朗村相同。刻划纹饰的种类主要有：

吉祥结（图3-33），藏八宝之一，主要装饰在腹部、盖顶，为使用频率最高的刻划纹饰。

“旺不断”，折线形纹饰，寓意“子孙后代断不了”。主要装饰在肩部，呈二方连续的带

① 赵辉：《当今考古学的陶器研究》，《江汉考古》，2019年第1期。

状分布。

莲瓣纹，为仰莲瓣纹，主要装饰在火锅炉灰塘、火盆圈足。呈二方连续的带状分布。

莲花纹，仅装饰在器盖顶部。

太阳纹，仅装饰在盖钮。

水波纹，做波浪翻滚状，装饰在颈部，或是吉祥纹、镶嵌格桑花等装饰的周边作为辅助纹饰。

双鱼纹（图3-33），装饰在吉祥纹两端，双鱼两两相对。

箭头纹，呈带状装饰在颈部。

凹弦纹，主要装饰在颈部、腹部。

3.1.5.1.2 浮雕

用贴附的方法先塑纹饰的雏形，再在其上雕刻或镶嵌纹饰。浮雕纹饰需要更加细腻、便于雕刻、可塑性更高的陶泥，特别是动物纹饰的眼睛和鼻子。若所制陶器需要装饰此类纹饰，制陶者便在成型过程中拍打大泥片工序的最后一步，使用切刀或陶拍刮削泥片表面，并将刮下的陶泥专门放置好备用。

浮雕纹饰多为动物类纹饰，种类有：

“初森”，猛兽的头部，主要装饰在酥油茶壶的流、錾上（参见图3-50）。

水麒麟头，因其传说中有克火的性能，主要装饰在火盆的脚架，常用瓷片镶嵌麒麟的牙齿（参见图3-42）。

灶神，主要装饰在各类煮锅（参见图3-45、图3-46）、靴形茶罐的上腹部以及盖顶，若为煮锅一般两两对称装饰在腹部两侧。

牛头，主要装饰在各类煮锅的上腹部，两两对称装饰在腹部两侧。

藏八宝，主要装饰在器物腹部。

3.1.5.1.3 镶嵌

用碎瓷片镶嵌陶器是汤堆村陶器装饰最鲜明的特征之一。镶嵌瓷片的初衷是当地人认为瓷器是较陶器更加珍贵的用品，用瓷片镶嵌陶器能够提升陶器的价值。久而久之，镶嵌瓷片便成为汤堆村陶器常见的一种装饰方式。镶嵌有瓷片的陶器售价也更高，一般要比普通陶器贵一倍。

镶嵌方法：初坯的相应部位成型并修整好后，在陶泥尚湿润时轻轻压入瓷片。压入之前需先将瓷片轻放在器物表面，待完成纹饰布局、整体成形后再稍微用力将其压入。压入时，左手中指垫在内壁，右手食指用力压瓷片。用手指压紧后再用C型陶拍拍打、抹平以使瓷片嵌入得更加紧实。镶嵌瓷片后根据需要再在瓷片周围刻划纹饰。

镶嵌纹饰最常见的是格桑花（参见图3-50，颈部）、太阳纹和“旺不断”（参见图3-50，肩部）。主要装饰在器物的颈部、肩部和腹部。

3.1.5.1.4 印纹

印纹分为戳印纹和拍印纹两类。拍印纹为蓝纹，系用D型陶拍在初坯成型、修整过程中产生，主要装饰在各类煮锅、酿酒器的腹部（参见图3-51）和底部、火锅炉灰塘的内底。戳印纹饰主要有圆圈纹以及鱼纹、水麒麟头等动物纹饰的眼睛、鳞片。

3.1.5.2 纹饰组织方式

不同于嘎—朗村，汤堆村制陶者在装饰陶器前，往往会先用雕刀或切刀在器表刻出短线条以确定纹饰的大概位置，如果尺寸不合适需用磨刀抹平线条后重刻。纹饰组织的方式亦可分为对称、二方连续和主次分明三种规律或原则。

对称同样是大部分纹饰的组织方式，亦可分为轴对称和中心对称两类。单个纹饰的轴对称以吉祥结、“初森”、水麒麟头、牛头、社神等为代表。两个纹饰的轴对称以肩部、腹部所饰刻划吉祥结、双鱼纹，浮雕牛头、社神，镶嵌格桑花、太阳纹为代表。吉祥结、格桑花常与双鱼纹、水波纹组合使用，以居中的吉祥结、格桑花为对称轴。带状连续分布的“旺不断”、水波纹、莲瓣纹也属于轴对称的一种形式。中心对称以莲花纹、格桑花纹和太阳纹为代表。

汤堆村陶器的纹饰组织方式也有二方连续的花边纹饰，但仅有单一的一种纹饰，如“旺不断”、莲瓣纹和水波纹。主要装饰在器物的颈部、腹部和圈足。

陶器纹饰的层次性方面，更多见的是以阴线刻为代表的“单层花”，“双层花”仅有“初森”一类，“三层花”以装饰在火盆脚架及器物腹部的水麒麟头和社神、牛头纹为代表。较之嘎—朗村的三层花，作为第一层花的阴线刻纹饰的面积较小且更加简单。汤堆村陶器纹饰的层次性，更多地体现在瓷片镶嵌所产生的色彩层次上。瓷片颜色以白色为主，少量红色，与黑色的陶器形成了鲜明的对比。

3.1.6 阴干

阴干是为了彻底去除陶坯中所包含的水分。一般是将陶坯放置在家中火塘上方、背光的竹木架子上阴干，不能放在阳光下晒干，但也有制陶者为了赶时间而采用晒干的方式。阴干的时长，大陶器需时4到6天，小陶器一两天即可。烧制前还需将陶坯斜放在腿上用牦牛毡打磨表面使其更加光滑平整，再在架子上放置一晚后方可烧制。

3.1.7 烧制、渗碳、防渗漏

正式烧制前还需进行预热，即将陶坯放置在火塘、炉灶边烘烤一两个小时。放置的位置不能固定不变，需由远及近、逐渐靠近火塘，还要变换陶坯的朝向以使整个陶坯受热均匀。最后

图3-34　炉灶烘烤陶坯

图3-35　码放陶坯

图3-36　露天平地堆烧

可放置在炉灶的上方继续烘烤一段时间（图3-34）。待冷却后即可入“窑”烧制。汤堆村陶器的烧制工艺亦为无窑的平地露天堆烧，但与嘎—朗村不同，采用的是明火烧制，且顶部不覆盖燃料，可称为“敞开式平地露天堆烧”。

因为没有窑壁的保护，无窑烧制更容易受到湿度、温度和风向等不可控的客观因素的影响，烧制时机的选择就显得尤为重要，往往决定了烧制的成败。首先，天气必须尽可能的干燥，雨季是不适宜烧陶的，因为空气湿度较大的话，会严重影响明火的温度。其次，不能有风。一方面，陶器在烧制过程中若被风吹到便会开裂甚至炸开。另一方面，风力会使露天“窑”的温度难以均衡，迎风的一面燃料烧得更快需要随时补充燃料，否则烧出的陶器内外受热不均，陶色便会产生偏差甚至开裂、炸开。

制陶者一般会选择在自家院落或门口的空地或是闲置的田地进行烧制，只能是泥土地，不能是水泥地。第一步是码放露天“窑”。先在地上铺一层木柴以为垫底，然后在其上依次摆放陶坯。如果烧陶之前刚下过雨、地面潮湿，则需先在地面铺一层上次烧陶留下的炭灰或锯末以防潮，其上再放置木柴，否则地面的水汽会对烧制产生不利影响。所以，大部分有条件的制陶者的烧陶地点是固定不变的，此地也不做他用，这样便可直接使用上次烧陶留下的炭灰。摆放陶坯的基本原则是要让每一件陶坯都能均匀受热。一般是大件陶坯和容易开裂的陶坯放在下面、中间，陶坯口朝下。小件陶坯放在上面、外围或是大器物的空隙间，口亦要朝下。不同层的陶坯需错落放置（图3-35）。火锅盖因为体型较大且较薄，要放置在最外侧，待烧制完成后要立即从炭火中取出，否则时间长了容易开裂。陶坯的空隙中还需插入木柴，边放陶坯边插木柴。最后在陶坯堆外围用木柴围合，陶坯和木柴的空隙中塞满易燃的干草、小树枝和树叶，再在木柴外覆盖易燃物。从外观来看，形成一个倒置的漏斗状柴堆。露天“窑”顶部敞口，无须覆盖燃料。最后将熏料堆放在露天“窑”一旁备用。据孙诺七林的大儿子洛桑恩主介绍，他烧陶的时候会在露天“窑”上撒一些经过开光的青稞，开光的喇嘛是其三弟，是当地很有名望的一位喇嘛。撒青稞可以起到保佑烧陶成功的作用。

第二步，引火烧制。任意选取露天“窑”的一个角落用易燃的锯末点火，再用干树枝把火引向四周。燃烧过程中需不时添加树枝、树叶，并用挑杆轻轻地扒拉或戳柴火堆以透气。露天明火烧陶（图3-36）需要的时间很短，大约1到3个小时不等，陶器烧成“像钢铁一样的红色”即可（图3-37）。这样的露天烧陶方式通风较好、氧气充足，燃料燃烧充分，使得陶坯中的铁大部分被氧化成红色的氧化铁，所以烧成的陶器呈红色。据当珍批初介绍，露天“窑”的最高温度能达到910℃。但据云南大学现代分析测试中心的实验室分析结果，汤堆村的陶器在烧制过程中未发生任何化学反应，是典型的低温陶器。[①]

烧制完成后即进行渗碳。汤堆村陶器传统的渗碳工艺采用的是“窑”外渗碳，该工艺的民族志资料首见于李仰松先生1958年对云南佤族制陶的调查：“……木柴已全部烧尽。这时，主人持一木杆把烧好的陶器一个个从火炭里挑出来，另外一人持褐色胶状质，本地佤语称‘斯然’，在刚从火炭里挑出来的陶罐的口缘上涂抹。因为刚取出的陶器满身还很热，树胶遇热后便融化为液体，所以涂在那里，胶质便渗入在那里。”[②]李文杰、黄素英两位先生认为佤族的这一做法“实质上是进行窑外渗碳，即陶器上面，利用树胶进行渗碳。”[③]

汤堆村的渗碳工艺是在陶器烧成后，无须等火熄灭便立即将高温状态下的陶器用挑杆挑出置入一旁的熏料中完成渗碳。如果装烧量较大，需将熏料覆盖在火堆上方用焖捂的方式渗碳。熏料的覆盖使得陶器处于缺氧、还原环境中，同时陶器本身以及木柴燃烧产生的木炭尚处于高温状态，使得熏料被烧焦碳化并产生黑烟，其中的碳分子便迅速渗透进陶胎的孔隙中将红陶熏成黑陶。渗碳需时约20到30分钟，中途需用挑杆插入熏料中将陶器翻身，并不时地将挑杆插入熏料中戳出小孔以透气。

渗碳完成后将陶器用挑杆挑出放于一旁稍做冷却（图3-38），再用松针蘸酸奶渣水、青稞面水或米汤水等浸液涂刷器表，深腹器还需浸泡浸液以防止陶器在使用过程中发生渗漏。浸泡时间不长，将浸液倒入腹中十余秒后摇晃数下，使整个内壁都接触到浸液后即可将浸液倒出。这一工序需要至少两人合作甚至多人轮换，一人挑陶器一人涂刷或浸泡陶器，挑出一件即浸泡一件。待陶器冷却后，再用牦牛毡打磨器表，除去粘在器表的杂质，陶器呈现出光滑透亮的质感。

体型较小的陶器除了入露天“窑”烧制外，也可放到家中的火塘或炉灶中烧制（图3-39）。烧前也要放在火塘或炉灶边烘烤预热，入炉大概20分钟左右即可烧成，用火钳夹出后立即放入炉旁的熏料盆中渗碳约20分钟即可（图3-40）。

---

① 赵美、李秉涛：《怒族、彝族、藏族手工制陶研究》，第77页，科学出版社，2020年。
② 李仰松：《云南佤族制陶概况》，《考古通讯》，1958年第2期。
③ 李文杰、黄素英：《浅说大溪文化陶器的渗碳工艺》，《江汉考古》，1985年第4期。

图3-37 烧成

图3-38 渗碳后挑出陶器

图3-39 炉灶烧陶

图3-40 渗碳

汤堆村陶器渗碳的程度较深，笔者调查期间所见黑陶残片的器表和内胎大部分都呈深黑色，器表经过修整后显得更加光亮。李文杰先生曾做过陶器渗碳的实验：刚刚烧制好的小陶罐中装满稻壳，结果小罐内壁全部被熏成黑色，而外表仍保持红色或是外表的下部呈现黑色、且有数条竖向黑道。李先生还用红热陶片贴薄木片（刨花）进行渗碳实验，观测到窑外渗碳作用的过程只有一二分钟。[①]笔者认为，汤堆村陶器渗碳成功的关键原因在于熏料对陶器的“焖捂”，使得陶器能够在出“窑”后仍保持一段时间的高温，以便碳分子的渗透。陶器在渗碳结束后进行浸泡，当常温的浸液被倒进容器中后立即上下翻滚，这也从一个侧面证明此时陶器的温度仍然较高。

烧制不成功的废品、残次品一般集中堆在路边的坑洼处即可，无须做其他处理，下雨时会自动化为泥。也有的制陶者会将尚具有一定使用功能的残次品留作家用。

据个别制陶者介绍，家中自用的陶器也可以不渗碳，直接使用红陶，因为陶器“烧熟后本来就是红的”，只是“用烟熏黑的特别好看”。但是出售的陶器一定要经过渗碳，消费者认为“黑的是熟的”，而且越黑越好。

① 李文杰：《中国古代制陶工程技术史》，第110页，山西教育出版社，2017年。

3.1.8 陶器制作技艺小结

3.1.8.1 “通用型”与“个人型”技艺

与嘎—朗村一样，汤堆村制陶也存在大部分制陶者共用的“通用型”工艺和少数制陶者带有个性特征的“个人型”工艺。个人型工艺亦可分为技术娴熟个人型（a型）和技术生疏个人型两类（b型）。二者的区别如下：

表3-1 汤堆村“通用型”与“个人型”工艺

项目	通用型	个人型
初坯成型、阴干时的承托工具	转盘。	薄木板（b型，慢轮引入后学会制陶的初学者）。
圆形泥片的拍打工具	陶锤锤面。	A型陶拍。
长方形泥片的刮削修整	无此工序。	拍打结束后用陶拍的侧刃或刮刀刮削表面，或是纯粹的刮削，或是为了装饰刮取细泥。
预制好尺寸均一的泥饼	无此工序。	有此工序。
长方形泥片切边	①切两短边，长边仅切近身侧的一边，即与器身已筑好的器底或腹部等相连接的一边。 ②切边前需用A型量器测量定位。	①四边均要切边（b型）。 ②无须测量定位、直接切边（a型）。
长方形泥片围合方向	用手提起泥片的两端后即将其放在器底上围合，泥片与案台的接触面为器物外壁、与陶锤或陶拍的接触面为器物内壁。	左手提起泥片的一端后将其递给右手、再提起另一端，即将泥片翻面后再进行围合，泥片与陶锤或陶拍的接触面为器物外壁、与案台的接触面为器物内壁。
器物口沿取平	用C型陶拍从上往下拍打口沿。	除了拍打外，还在泥片围合并经初步修整后，用切刀切除口沿上一部分陶泥以取平（b型）。
补泥	无此工序。	用大泥片切边产生的陶泥，或搓制的小泥条加固大泥片围合连接处及其他制作瑕疵（b型）。

3.1.8.2工具跨用途使用

汤堆村的制陶工具也存在跨用途使用的情况，制陶者自己都认为“有些工具是多用的”。但与“通用型”和“个人型”技艺一样，出现的频率没有嘎—朗村高。

表3-2 汤堆村制陶工具的跨用途使用

工具名称	主要功能	次要功能（兼具功能）	次要功能使用情况
A型陶拍	拍打泥片。	侧边刮削泥片。	个人型。
C型陶拍	拍打初坯。	前刃用于刻划连接凹槽、压或戳出泥片的连接褶皱，侧刃和拍面用于刮削抹平器表。	通用型。
压条	压紧初坯器身各连接部位。	刮削抹平器物内壁。	通用型。
A型钻孔器	钻火锅火塘的主漏灰孔。	刮去案台上的泥垢。	通用型。
B型钻孔器	钻孔。	刻划流、盖钮等的连接凹槽；筑流时将其插入流的内腔进行修整，类似于内模的功能。	通用型。
雕刀	雕、刻纹饰。	刮削抹平器表，刻划纹饰定位线条。	通用型。
切刀	切除陶泥、分离大陶片、刮除工具上的泥垢。	刮削抹平器表，刻划纹饰定位线条。	通用型。

表3-3 汤堆村同一工序所使用的不同工具

用途	主要工具	兼职工具
旋转	转盘。	慢轮（初学者）。
刮削抹平器表	磨刀。	A型、C型陶拍，雕刀，切刀，压条，手指。
刻划连接凹槽	切刀。	C型陶拍、B型钻孔器。
刮除工具上残留的泥垢	切刀。	A型钻孔器。

工具跨用途使用的主要目的也是为了节省时间、提高工作效率，比如制作通用器盖的盖钮时，用B型钻孔器在盖顶泥片圆心处戳一圆槽，随即使用其在圆槽四周刻划连接凹槽；筑酥油茶壶的流时，用B型钻孔器戳流眼、制作连接榫头，接着用钻孔器刻划连接流的凹槽。

3.2 陶器种类

汤堆村陶器根据形制特征可分为平底器、圈足器和圜底器三类，其中平底器占绝大多数，圈足器有火盆、B型火锅、陶桌和酥油灯四类，圜底器有酿酒器和承酒罐两类。根据器物的功能用途可分为生活用器和宗教用器两个大类，其中生活用器数量最多、器类最丰富，又可细分为食器、茶器、酒器和其他用器四个小类。酒器的数量最少，且不见盛酒器，究其原因在于汤堆村陶器的胎质较粗、不够细腻，结构疏松，装酒后酒浆容易挥发。据当珍批初介绍，酒在其中存放十来天后就挥发干了。当地人使用的盛酒器为瓷器，产自德钦，酒杯则用木碗和瓷碗。

图3-41　A型火锅

图3-42　火盆

图3-43　A型煮锅使用模型

图3-44　B型煮锅

图3-45　Ca型煮锅

图3-46　Cb型煮锅

3.2.1 生活用器

3.2.1.1 食器

火锅，分为二型：A型（图3-41），中部镂空型双耳器盖，锅体大口，浅腹，双耳，腹部中间立圆筒形烟囱；圆筒形炉灰塘，一侧开圆形或半圆形出灰口，器壁钻孔以为透气孔，大平底。高约40到50厘米。B型，无炉灰塘，圈足，其他特征同于A型。高约30厘米。用于煮熟食物。

火盆（图3-42），大口，口部装饰三个水麒麟头作为支撑锅具的脚架，火塘折腹，双实心耳，圜底，高圈足。高约30到50厘米。用于装盛炭火烹煮食物。

煮锅，分三型：A型，大敞口，带盖，束颈，圆腹，平底。高约20到30厘米。一套三件，专门架设在火塘三脚架上使用，需用水泥等将其固定在三脚架上（图3-43）。三个锅的高低错落，低处的锅煮喂养牲畜的水和食物。B型（图3-44），带盖，腹侧接横向管状中空把手，平底。高约20厘米。C型，带盖，双耳，平底，根据腹部深浅分为二亚型：Ca型（图3-45），深腹，圆腹，当地人称为“土锅”；Cb型为浅腹（图3-46），圆腹或折腹，当地人称为“砂锅”。高约20到30厘米。用于煮水或是牛肉、猪肉和鸡肉等食物，Cb型亦用于煮饭。

炒锅，分为二型：A型（图3-47），大敞口，带盖，浅圆腹，腹侧饰横向管状中空把手，大平底。B型，无盖，口部有敞口流，一侧有鋬。高约10厘米。用于煮熟食物，虽名“炒锅”，但还是用煮熟的方式加工食物。

煮奶渣锅，敞口，束颈，圆鼓腹，平底。与煮锅近似，只是口径稍小。高约20到30厘米。牛奶提炼完酥油以后将剩下的液体倒在锅中熬煮即可得奶渣。

糌粑罐，敞口，带盖，束颈，圆腹，腹侧饰横向管状中空把手，平底。高约20到30厘米。用于盛装糌粑。

3.2.1.2 **茶器**

靴形茶罐（图3-48），直口，侧面为敞口流，腹部呈一端稍尖的靴形，靴后跟处饰錾，平底。大小不一，高约5到15厘米。用于煮茶，靴头可深入炉火中以保温。

圆腹茶罐（图3-49），敞口，带盖，敞口流，一侧有錾，圆鼓腹，平底。高约15厘米。用于煮茶。

茶杯，直口，颈部微束，圆腹，大平底。高约10厘米。用于饮茶。

酥油茶壶（图3-50），1949年前的地方志称为“摇具”。盘口带盖，细长颈，广肩或圆肩，折腹或圆腹，下腹部斜直内收，平底，前有管状流、后有錾，流、口之间通过“初森”的上唇相连。高约20到30厘米。用于盛放酥油茶。

3.2.1.3 **酒器**

较之嘎一朗村，汤堆村陶器中的酒器种类和数量都很少，主要有制酒的蒸馏器、酿酒器和

图3-47　A型炒锅

图3-48　靴形茶罐

图3-49　圆腹茶罐

图3-50　酥油茶壶

图3-51 酿酒器

图3-52 蒸馏器

图3-53 承酒罐

图3-54 陶桌

承酒罐，温酒的温酒罐和饮酒的酒壶。

酿酒器（图3-51），口微敞，短颈，肩部立双耳，圆腹，圜底，下腹部近底处设一单孔流槽。高约30到40厘米。用于酿造青稞甜酒。

蒸馏器（图3-52），大口，圆腹，双耳，圜底近平，底部钻孔以透蒸汽。高约30到40厘米。用于蒸馏白酒。

承酒罐（图3-53），大口，广肩，折腹，圜底。高约15到20厘米。蒸馏白酒时将其放在蒸馏器中承接酒浆。

温酒罐，口微敞，束颈，圆鼓腹，双耳，平底。高约10厘米。用于温酒。

酒壶，敞口，带盖，束颈，圆腹，带管状流，流侧单鋬，平底。高约10厘米。用于饮酒。

3.2.1.4 其他用器

陶桌（图3-54），大平顶，折腹，圈足。高约20厘米。用于摆放茶罐等。

便壶，分为男用和女用两型，前者口稍小，均为单耳，圆腹，大平底。高约10到15厘米。

花盆，敞口，圆腹，大平底。高约15到20厘米。

藏八宝挂饰（图3-55），方形，四角或切边，也有圆形者。正面饰高浮雕宝伞、金鱼、宝瓶、妙莲、右旋白螺、吉祥结、胜利幢和金轮藏八宝。边长约20厘米。

图3-55 藏八宝挂饰

图3-56 香炉

图3-57 圣水瓶

3.2.2 宗教用器

陶碗，椭圆形，大口，折腹，双实心耳，大平底。高约10厘米。活佛专用的陶碗。

宝瓶，敞口，或口沿外翻，束颈，圆腹，大平底。高约10到15厘米。用于盛装金、银等宝物和青稞等五谷，封好后放置于白塔中心或埋入神山经幡、神树下。

香炉（图3-56），敞口，束颈，圆腹，双耳上端突出，大平底。高约10到15厘米。用于焚香。

酥油灯，分为三型：A型灯盘为圆形，大口，圆腹，高圈足，灯盘底部中心钻一个小圆槽型灯眼以放置灯芯。高约15到20厘米。B型灯盘为三角形，其他特征同于A型。C型整体为长方形，平底，分两亚型：Ca型内底钻两排、五列共10个圆形小灯盘，每个灯盘的中心部位再钻一个灯眼。Cb型正面内凹成长方形凹槽状，以此为盛装酥油的灯盘，底部再钻两排、五列共10个圆形灯眼。过去，A型酥油灯为日常用，在家中佛堂点灯，可以天天都点，也可以每月逢初八、十五点灯；B、C型为丧礼或上坟时使用。

圣水瓶（图3-57），小口，口沿外翻，长颈，圆腹，圈足，分为有流（管状流）和无流二型。高约20厘米。用于盛装圣水。

据制陶者介绍，过去汤堆村所制陶器中有不少大型器物，器高50厘米以上，最高的达90厘米左右。如蒸馏白酒的铁盛锅原来为陶质大锅，大口，圆筒形腹部，平底；盛放青稞面、玉米面等粮食以及清水的大陶缸，家家户户都有这样的陶器，基本上是每家三个；最大的酥油灯高达80厘米。现在这样的大型陶器已经很少见，制陶者也基本不再制作，因为成型难度很大，只有技艺高超的制陶者才能制作，而且需用两天时间才能完成一件陶器的成型。烧制时每次最多烧五六个。

3.3 陶器生产组织及场所

3.3.1 生产组织

1949年前，汤堆村的陶器生产为家庭作坊式。1949年后，成立了陶器生产合作社，并明令禁止私人制陶，但也有部分制陶者仍在私下坚持家庭式生产。20世纪80年代初，合作社改为个体承包经营、家庭生产。[①]至今，汤堆村的陶器制作绝大部分都是家庭作坊式生产模式。

汤堆村的制陶者均为男性，但也存在家人协助制陶的情况，主要是家中成年人、特别是男性，仅见于协助完成取土、烧制和渗碳环节，特别是渗碳至少要有两个人合作才能完成。制陶者除了专职制陶外，也会协助家人做一些农活和家务，特别是在野生菌的成熟季节，由于野生菌出售的收益非常大，村中大部分有劳动力的人，甚至老人和孩子都会停下手中的其他劳动上山采菌。每月里有三四天还要去参加村里的佛事活动。

20世纪90年代以前还有村民之间互助制陶的情况：家中需要用陶器，但是无人能制作的，就会把陶土等制陶原料准备好，请村中的制陶者来家中帮忙制陶。然后再以去制陶户家协助完成农活的方式偿还，可以制陶之前去也可以之后去，具体的天数双方协商而定。但是现在这种互助制陶已经基本消失，如果需要陶器都是通过购买的方式获得。互助烧陶的情况则一直都有，无论是原来的平地露天堆烧还是现在的馒头窑烧制，如果有人特别是关系好的制陶者需要烧几件陶器，主人家都会非常乐意帮忙，将其制好的陶坯放入自家的陶“窑”中一起烧制，无须任何费用，也不用通过其他方式偿还，属于纯粹意义上的帮忙。当然，因为馒头窑烧陶有固定的装烧量，帮助他人烧陶的前提是陶窑中还有多余的空间能放得下陶坯，而露天堆烧则不存在这一问题，无论陶坯是多是少都能装下。

3.3.2 生产场所

汤堆村的制陶场所均位于制陶户家中空旷处，如院落中或是住房的二、三层，如果房间较多就在屋内，如果房间较少则在回廊上，为了冬季制陶时保暖，还将回廊用木板隔成一个独立的小房间。21世纪第二个十年开始出现了专用的陶房。最初建陶房的是国家级非物质文化遗产代表性传承人孙诺七林家，称为“陶艺大师孙诺七林工作坊”。

院落较大的制陶户会在房屋一层的墙边用木板搭建靠墙的阴干架，同时也可以作为陶器的

---

① a.迪庆藏族自治州地方志编纂委员会：《迪庆藏族自治州志》，云南民族出版社，2003年。
b.香格里拉县尼西乡乡志编纂委员会：《香格里拉县尼西乡志》，云南科技出版社，2015年。

展示架。

陶器的烧制场所位于院落中、大门外的空旷处或是闲置不用的田地，只要地势平坦就行。馒头窑一般建在自己院中或者院墙外侧。

3.4 陶器流通

汤堆村陶器传统的流通方式绝大多数为市场交换，不见强制性再分配，据村中的老人介绍，1949年前即使是贵族、土司或政府官员家里要使用陶器，也都是和平民一样到市场上购买。互惠式的流通方式也很少。特殊之处在于，制陶户在女儿出嫁时，会以陶器作为嫁妆；少数制陶者会给松赞林寺送酥油灯。

市场交换主要有以物易物和外出售陶两种方式，绝大部分为“制陶者到消费者”的交换方向。以物易物的流通方式常见于20世纪90年代以前，主要是用陶器交换青稞、糌粑、奶渣、酥油、肉和茶叶等食物。与嘎—朗村制陶者在外出售卖陶器的途中顺带进行以物易物的做法不同，汤堆村的以物易物是可专门进行的。当制陶户家中储存的食物不够时便会带着自制的陶器去本村、其他村子或是中甸县独克宗古城的杂货店交换，距离一般都不会太远，不超出中甸县、往返一天的范围。最早的时候没有计量工具，采用的交换方式是根据土锅容积来换等量的食物，也就是说“锅能装多少，就能换多少”。后来出现了一种专门用于计量的木制量杯，一个土锅可以换五杯食物。外出售陶是用牛、马等牲口驮或自己背负的方式进行，早上天不亮就出发，晚上才能到中甸县县城。后来也出现了拖拉机运输。主要的销售地点是今香格里拉市、德钦县和丽江市等地，以各类煮锅、火锅和靴形茶罐等生活用器最受欢迎。陶器的定价主要与制作工艺的难易程度相关。

由于地处茶马古道交通要道，除了以上常规性的、“制陶者到消费者”的陶器交换方向外，汤堆村很早以前就存在“消费者到制陶者”的交换方向。向卡小组地处茶马古道的必经之地，古道上往来的商人常会在村里住宿，有亲戚的就住在亲戚家，没有亲戚的就在村民家里借宿。慢慢地也就知悉了汤堆村极富特色的陶器，若有需要便会购买一些带走。他们购买陶器的价格与制陶者外出售卖的价钱一样。至20世纪80年代中期，当地制陶者开始根据消费者的需求或是其提供的图片制作陶器，这又是另一种新式的“消费者到制陶者”的陶器流通形式。

第四章
传统制陶之变

任何事物都处于永不停息的运动、变化和发展过程中，导致这一变化的既有内因也有外因。西藏嘎一朗村和云南汤堆村的传统制陶技艺及其产品陶器也在自我发展及与外界的交流、联系过程中发生了不同程度的变化，主要表现在制陶资源、制陶技艺、生产组织及场所、陶器流通四个方面。很多变化将会对这一传统技艺的传承与发展产生深刻的影响。相比较而言，汤堆村所发生的变化较嘎一朗村更多也更加明显。

4.1 制陶资源之变

传统制陶技艺的直接产物是陶器。所谓陶器是指人类通过各种方式方法将自然界中所获得的天然物陶土塑造成型后，再经过修整、装饰、阴干和高温烧制等步骤制作而成的生产生活器具。在此过程中，陶器的制作者需要使用到陶土、羼合料、釉料、装饰材料、燃料、熏料和浸液等等各种原材料，这些原材料可统称为制陶资源。制陶资源的有无及其质量高低都会对陶器制作产生深刻影响，当地人为何选择陶器制作这一技艺而非其他，为何能排除诸多困难长期坚持制陶，其他产业对制陶业的影响等都与资源密切相关。概括而言，制陶资源既会刺激也会阻碍制陶技艺的传承与发展，而资源的变化也会导致技艺及其产品的变化，这是技艺自我调适的必然结果。比如，在中华人民共和国成立前与汤堆村陶器齐名的东旺甲陶器，中华人民共和国成立后其制陶技艺就逐渐消失了，根本原因就在于当地陶土资源较少不能满足制陶业发展的需要。陶土是制陶技艺最关键、最核心的资源，因为陶土的缺失是没有其他替代品的，制陶者一旦无法获得陶土就不能再继续制陶，除非通过购买或交换等形式从其他地方获得。但现实情况是，在历史的发展过程中，只要有陶土资源的地点，当地人都会逐渐掌握制陶技艺并将之发扬光大，陶土也随之成为他们生存的重要资源。随着市场竞争的日益激烈，通过交换或购买的方式获得陶土将会越来越难，因为购买、运输陶土所付出的财力、物力和精力等的代价将会逐渐超越制陶者所能承受的范围，最终放弃制陶技艺改为从事其他生产也就成为必然。与陶土不同，制陶技艺的其他资源则有替代品可供选择。

汤堆村的陶器以光泽度较高的黑色为其显著特征。较之红陶、灰陶或白陶，黑陶更加符合当地人的审美习惯，他们认为黑陶是“最漂亮的陶器”。而由于当地的陶土富含铁元素，以及采用平地露天堆烧这一“窑”内氧气含量充足的烧制方式，刚刚烧好出“窑”的陶器呈红色，只有经过进一步的高温渗碳加工才能将红色的陶器熏制为黑陶。所以较之嘎—朗村，汤堆村的制陶资源中便多了一类熏料。最传统的熏料是青稞谷壳，这是当地主要的农产品青稞在加工过程中产生的数量最多的副产品。较之其他地区的同类副产品，汤堆村制陶者将之作为制陶专用的熏料，可以说是发挥了青稞谷壳的最大价值。但汤堆村的青稞产量并不高，仅够自家食用。在村中制陶户不多的年代，青稞谷壳的产量也足够制陶者们使用。20世纪90年代，特别是进入21世纪以来，随着汤堆村陶器知名度的逐渐提高以及保护传统文化的理念日渐深入人心，越来越多的村民认识到了传统陶器的经济价值及文化价值，从而放弃原来的劳动、工作，自觉加入到专职制陶者的行列中来，这就导致了青稞谷壳供不应求。制陶者们便改为使用同样易燃的锯末、碎木屑和松针树叶等作为熏料。从目前的情况来看，这一类新式熏料的使用对汤堆村传统制陶技艺和陶器的实用性、审美性的影响并不大，熏制出的陶器无论是质地还是颜色都和青稞谷壳熏制的黑陶相差无几。但另一种熏料的使用则会给汤堆村陶器带来极大的负面影响。

21世纪第一个十年末，汤堆村部分制陶者开始使用馒头窑代替传统的平地露天堆烧，馒头窑出现不久便迅速普及开来（详见下文），截至2017年笔者调查期间，绝大部分制陶户都建起了自家的馒头窑。馒头窑出现没多久，便有制陶者使用废旧轮胎作为熏料熏制黑陶。因为轮胎熏制出的黑陶颜色更加黝黑发亮，这一方法便也为部分制陶者所接受。众所周知，轮胎的主要原料是橡胶，燃烧后会产生二氧化硫、二氧化氮等有毒气体。汤堆村陶器中最常见的器类是火锅、煮锅、炒锅和靴形茶罐等实用器物，而且很多人在日常生活中也仍然在使用这些器物作为加工食物的器具。长期食用经有毒气体熏制器物煮熟的食物，必将会对使用者的身体产生不良影响。同时，也有损于汤堆村陶器的声誉。

除了熏料的变化外，当珍批初的陶器公司使用电窑烧陶后，为了适应更高的烧制温度，在尝试对传统的陶土配方进行改良，由原来的三种陶土增加到五六种。

嘎—朗村制陶资源的变化表现在燃料上。西藏中部诸制陶点传统的燃料为草皮。以草皮为烧制陶器的燃料主要是以其中的植物根茎作为可燃物，因此挖草皮时是将其表皮连根带草、土一起挖起。这一行为导致草皮被挖后需5年甚至更长时间才能恢复生长，因此对环境、生态的破坏较大，长期、大面积的挖取草皮造成了严重的水土流失。同时，草皮上生长的野草也是牛、羊等牲畜的主要食物来源，制陶者们挖取草皮的行为还对相关地点的牧业产生了负面影响。嘎—朗村地域范围内的草皮不多，制陶者们常到附近的白朗县、日喀则市等地挖取，曾经引发过与当地居民的矛盾冲突。因此，21世纪初，西藏各地均明令禁止制陶者再挖取草皮。据相关研究，20世纪90年代，西藏的制陶点有50余处。[①]但笔者2014年第一次到西藏开展传统制陶技艺的调查时，绝大部分制陶点都已放弃制陶，仍在坚持制陶的制陶点大多数也都由全年性生产变更为季节性生产，比如笔者调查过的日喀则市江孜县那吾村制陶点、谢通门县罗林村制陶点、桑珠孜区加木切村制陶点和拉萨市墨竹工卡县帕热村制陶点。很多制陶者都转而从事其他行业以增加家庭的经济收入，比如外出务工或是到那曲挖虫草等。究其原因，当然与陶器逐渐被更加便宜且耐用的塑料和金属制品所取代、市场需求量大大降低有关，但燃料的匮乏才是最根本、最关键之因素。嘎一朗村是笔者所知唯一一个能够坚持进行全年性陶器生产的制陶点，而且制陶者的数量和陶器产量还保持着增长的趋势。能做到这一点主要与两个方面的因素有关：其一是外因，即当地的农业资源和制陶资源。嘎一朗村虽有丰富的陶土资源，但土地和水资源都非常有限。西藏和平解放后分田地以及20世纪80年代家庭联产承包责任制的时候，各家各户的制陶者是不能参与其中的，其他人每人也只能分到2.8亩地，且2001年以后出生的孩子已经无地可分。卡麦乡是当地有名的老旱区，嘎一朗村更是常年缺水，虽然建有一个新水库，但是仍不够用。农业用水采用各家各户轮流放水的方式，离水库较远的田地往往是水还没流到就已蒸发完。当地流传着一个传说：当年莲花生大师经过此地，看到老百姓因常年缺水导致庄稼收成不好、食不果腹，便教给村民们制陶的手艺以维持生计。因此，嘎一朗村的制陶者如果放弃制陶技艺，仅靠农业、辅以牧业生产是难以维生的。而且制陶者们也认为制陶技艺是莲花生大师传授的，如果放弃是非常不应该的，一定要将其很好地发展下去。但是光有制陶的需求及美好的愿望是远远不够的，如果要坚持制陶，就必须解决燃料的问题，找到草皮的完美替代品。由于地处高原，且林木资源非常稀缺，其他地区传统制陶所使用的木柴在嘎一朗村是可望而不可即的。用电窑烧陶也无法实现，因为当地的供电电压根本无法达到电窑的要求。可喜的是，嘎一朗村制陶者们在长期经验积累的基础上，近乎完美地解决了这一棘手难题：使用泥草代替草皮。此为嘎一朗村制陶点能够坚持制陶的第二个原因，即起关键作用的内因。

虽然目前已无法准确判定泥草的发明者究竟是谁，但可以肯定的是其起源地就是嘎一朗村。用淤泥、干草、秸秆和动物粪便等制作而成的泥草，其优势在于环保、获取不受季节限制、便于储备，且制作省时省力：每人每天仅能挖取6块草皮，而3人协作制作泥草，每天能做四五百块。当然，草皮的优势也更加明显：燃烧后产生的温度更高、燃烧时间也更长，能持续24小时，烧出的陶器颜色会更红一些；因草皮中含有大量泥土，燃烧后产生的细腻烧土可作为脱模剂使用，还可用做田地的肥料。而泥草烧完后剩下的是呈板块状的红烧土，仅可用于铺垫“窑”床防潮。但在当地特有的自然及人文环境之中，以泥草代替草皮已经是目前可以找到的

① 古格·齐美多吉：《西藏地区土陶器产业的分布和工艺研究》，《西藏研究》，1999年第4期。

最优选择。在做出这样的自我调适性改变之后，当地的陶器产量和销量一直保持得很好，制陶者陶器生产的年收入至少可达四五万元甚至更多，占家庭年收入的大半。更为重要的是，使用泥草烧陶后，并未对陶器制作的其他环节产生任何影响，传统制陶技艺的真实性和整体性得到了很好的保持。

4.2 制陶技艺之变

陶器的制作技艺方面，相比较而言，嘎—朗村制陶点基本未发生变化，仅只是出现了一类工作效率更高的大型刮刀（详见上文），而汤堆村的变化则是非常明显的，主要表现在慢轮的引入、流水线式泥浆灌注成型、馒头窑和电窑的使用三个方面。总的来看，慢轮带来的影响不大，而馒头窑的使用则基本上改变了汤堆村传统的陶器烧制方式。流水线式泥浆灌注成型和电窑烧陶仅见于当珍批初的陶器生产公司，为了阅读的完整性，将在下一部分介绍。

汤堆村陶器的成型、修整和装饰环节是在旋转的过程中完成的，传统的旋转工具是转盘。转盘是一种非常原始、低效的旋转工具，其旋转速度非常慢、惯性非常差，而且没有中心轴承不能保证平稳、快速地转动，但却是在数百年的发展过程中，与当地传统的成型、修整和装饰技艺最相匹配的旋转工具，是汤堆村陶器制作技艺的关键、核心工具。2013年，汤堆村制陶者到景德镇参观学习期间接触到了金属质地的慢轮，并将其引进。目前，虽然在每一个制陶者的工具中都能看到慢轮，但慢轮真正的旋转作用并未得以发挥，转盘也根本未被淘汰，大部分制陶者仅只是将转盘放置在慢轮上使用（图4-1），慢轮更主要的功能是垫高。只有少数年轻的、对制陶技艺的掌控还不太熟练的初学者不再新制、使用转盘，而是改为将薄木板作为承托工具放置在慢轮上、依靠慢轮的旋转来完成各项制陶工序。但在他们的制陶过程中，慢轮的旋转速度与转盘相差无几。可以说，除了外形，汤堆村的慢轮在实质上仍然只是一个金属质地的转盘，而且是不具备承托功能的转盘。

图4-1 慢轮的使用

一个更为先进、快捷和高效的工具被引入后，不仅未能发挥其应有的作用，反而被“改造为”低效工具，其根本原因在于汤堆村陶器传统的成型、修整和装饰工艺已经完全适应了转盘的转速，或者也可以说，当地的成型、修整和装饰工艺正好需要转盘这样缓慢的、基本没有惯性的旋转工具。如果旋转工具的转速加快，陶器的制作技艺甚至包括陶土、其他制陶工具等也必须做出相应的调试性改变，而这些改变有的是根本不需要的，如大泥片围合法成型不需要过多的拍打、刮削；有的，比如刮削抹平修整的方向由竖向改为横向等，则无论是从技术的角度还是从传统习惯的角度，都并非是短期内能够轻易实现的。此外，转盘不仅能旋转还非常轻便、具有很好的可移动性，在制坯、修整、装饰和半阴干的一系列过程中能够非常方便的连同初坯一起搬运。而汤堆村特殊的器底、腹部成型方式，使得初坯在半阴干的过程中不能脱离其成型期间的承托工具。这一点也是慢轮难以做到的。基于以上原因，虽然大部分制陶者也很清楚地知道引入的慢轮比传统的转盘更加方便转动且速度更快，但也并未放弃转盘而改用慢轮，慢轮由此成为一件高能低就、可有可无的工具。

馒头窑的使用则是与慢轮完全相反的境遇。据制陶者春批（汉名张宏斌）介绍，2007年12月，在高山文化研究所的组织资助下，当珍批初等8位制陶者到河北省馆陶县参加制陶技艺培训，学习了馒头窑的建造及使用方法。培训结束回村后便建了几座馒头窑尝试烧制陶器。刚开始仅只是个别人家建有馒头窑，建窑时亲朋好友都来帮忙，建好后这些亲朋需要烧陶时只需自备燃料即可无偿使用馒头窑。馒头窑烧制陶器的燃料仍然以木柴为主，熏料则大部分改用废旧轮胎。一般是傍晚六点点火，夜里用小火烧，早上点大火，烧四五个小时后熄火。渗碳是在烧制的最后阶段，熄火前打开窑门将轮胎扔进窑内，关门后用稀泥封住窑门，同时封闭窑顶的排烟孔，造成通风不良、氧气不足的环境。还要在窑顶淋水，水淋入窑室内部后致使火焰彻底熄灭而产生大量的浓烟，其中所含碳分子渗入陶器胎壁内外而将陶器熏黑。渗碳需时一天左右。较之传统的平地露天堆烧，馒头窑的优势主要有三：

第一，窑内温度更高、更均匀，密闭性能也更好，烧出的陶器质地更加坚硬，颜色更加均匀，黝黑发亮。

第二，汤堆村传统的陶器烧制方式虽与嘎—朗村一样，均为平地露天堆烧，但是嘎—朗村的燃料是板块状的且烧制过程中外部还要用石板围合，外界的风力对“窑”内火势的影响较小，甚至无风的时候还需要用鼓风机等设备吹风。而汤堆村则是完全意义上的露天堆烧，燃料的外围不再有任何围合物，所受外界因素特别是风力的影响较大，烧制过程中因风力导致的出现残次品的概率更高。相比较而言，汤堆村的平地露天堆烧方式对技术掌控的要求要高于嘎—朗村。作为陶器制作的最后一个步骤，烧制工序的失败不同于成型、修整和装饰工序的失败，前者意味着整个制陶过程的失败，且很多时候不仅仅是一件或几件器物的失败，而是几个月辛苦制陶成果的完全丧失，前功尽弃。所以，对于传统制陶技艺的初学者来说，烧制是最难掌握、也是最容易失败、更是失败后打击力最大的一道工序。据当珍批初介绍，汤堆村过去曾有不少制陶者正是因为此而放弃制陶。甚至一些有着多年烧陶经验的制陶者若在某个环节稍不注意，残次品的比例也会增加。而馒头窑的封闭性更好，所受外界因素的影响非常小，烧制的成功率更高，同一批次陶器的质量也基本均衡。

第三，露天堆烧的过程中，制陶者不能离开，需在一旁根据需要随时添加燃料或用挑杆帮助露天“窑”透气。渗碳时更是需要至少两人甚至多人冒着高温挑出陶器、覆盖熏料，“脸被熏得像炭一样黑”，“人是相当苦的”。而用馒头窑烧陶，点火后便无须随时看管、添加燃料，也无须冒着高温人工渗碳，渗碳工序仅需一人即可完成。省工省力的特点非常突出。

馒头窑的这些优势被越来越多的制陶者认识到之后，在短短数年间便以很快的速度在汤堆村普及开来。至2017年，绝大部分制陶者都放弃了传统的露天堆烧，在自家院落内外建起了馒头窑，只有拉茸定主、鲁茸恩主和当珍批初等极少数制陶者仍在坚持传统的露天堆烧，且多少带有展示的意味，从生产的角度坚持露天堆烧的已经不多见。

4.3 生产组织及场所之变

在陶器的生产组织及场所方面，嘎—朗村和汤堆村均发生了一定程度的变化，前者由家庭作坊式生产向合作社式生产模式转变，且涉及的制陶者人数较多；后者则是向公司模式转变，所涉及的制陶者人数虽不多，但对传统制陶技艺的影响、特别是负面的影响则更深。

4.3.1 合作社模式

2014年下半年，以“江孜县非物质文化遗产生产性保护示范基地·陶器制作技艺”的名义，由江孜县援藏项目支持，嘎益村和朗卡村均建立了陶器生产合作社。其中，嘎益村的“江孜县卡麦乡嘎朗陶器生产农民专业合作社”，法定代表人为索朗顿珠，成员出资总额78万元。经过一年的准备，于2015年年底在村委会旁建起了占地640平方米的合作社陶房。陶房有一个非常宽敞的院落，用于陶土加工、陶坯阴干和陶器烧制，正房的前廊用玻璃围合后作为制陶区域（图4-2），正房为陶器展示区。村中制陶者根据自愿的原则加入合作社。至2017年，嘎益村的制陶者基本都已经加入该合作社。据合作社的发起人顿珠和索朗顿珠介绍，他们建立合作社的目的主要是为了规范嘎益村的制陶工序、提高质量、统一贴商标，以保护本村陶器的信誉，带动村民们共同致富。合作社还在村中招收了一些新学徒，义务教育结束后没考上高中的孩子只要愿意学习，合作社的制陶者就教他们制陶，且不收学费。朗卡村则建立了两个合作社，其一为

图4-2　江孜县卡麦乡嘎朗陶器生产农民专业合作社制陶区域

“江孜县古如曲旺陶瓷加工农民专业合作社”，法定代表人是米玛仓决，建筑面积600平方米，成员出资总额60万元，员工20名；其二为“江孜县朗嘎日松陶罐农民专业合作社”，法定代表人罗布次仁，建筑面积600平方米，成员出资总额50万元，员工40名。朗卡村两个合作社的运营并不理想，虽有统一的陶房，但参与其中的制陶者们仍然未能集中进行生产、经营。而嘎益村的合作社则走上了良好的发展之路。

嘎—朗陶器生产农民专业合作社建好后，除了将原来分散在各家各户私人住房中独立完成的陶土加工、制坯、修整和装饰工序集中到陶房中进行外，在形式上基本没有发生其他变化，制好的陶坯在院中阴干后仍是带回各自家中存放，烧制则可在陶房院落中进行亦可在自家进行；合作社也未进行统一、固定的分工，制陶者们都是自己做、自己烧、自己卖。仅只是有以合作社的名义接下的大订单时大家一起完成，售陶收益会按照资格均分。尽管如此，合作社的建立还是为嘎益村的陶器制作带来了一些长远且正面的影响：

首先，在原来的家庭作坊中制陶时，制陶者虽不用承担农业生产、家庭劳务等工作，但若遇到家中其他男性皆外出、女性需要男性协助完成某项突发紧急家务，如接电线、维修电器或是搬运重物等时，或是家中有客人来访时，制陶者仍需暂时停止制陶工作。而集中到合作社陶房制陶，使得制陶者基本上完全脱离了此类家庭事务及其他劳动，从早上八九点到晚上八点的工作时间段都能够专注于制陶，中午也在陶房吃饭（嘎益村村民的晚饭时间在晚上十点左右），生产效率得以明显提高。很多制陶者均表示，现在的陶器产量比原来增加了近四分之一。

其次，集中制陶后，陶房中每一个制陶者的产品数量、质量以及一些个人技巧等皆毫无保留地展现在众人面前，这一方面便于制陶者之间的相互学习、借鉴，另一方面也加剧了技艺相当的制陶者之间的竞争，这在一定程度上是有利于陶器制作技艺的发展的。

最后，以前，制陶技艺的传授都是师徒相传，村民们一般会选择向有亲戚关系的、年长的制陶者拜师学艺。合作社成立后，基本上已固定由合作社的两位发起者、也是嘎益村公认的制陶技艺最高的顿珠和索朗顿珠负责传授初学者制陶技艺。

以上三点，对于嘎益村制陶技艺的进步、完善，以及陶器生产的专业化、标准化程度的提高无疑是有益的。此外，虽然制陶者目前更多的是进行私人生产，但是如果该合作社能够实现长期的良性、有序发展，随着合作社名气的逐渐增大，以合作社的名义接下的大订单便会日益增多，这将导致共同生产增多，合作社内部进一步统一分工、流水线式生产最终也将得以实现。

4.3.2 公司模式

汤堆村陶器生产组织及场所的变化始于2004年。是年，云南省委原副书记旦增到孙诺七林家视察，鼓励他做大做强陶器产业，提出在汤堆村建立公司加农户的经营模式的建议，要求改变陶器生产零星分散、市场占有率低等状况。2005年6月3日，汤堆土陶责任有限公司成立，公司驻地汤堆三社，民主选举祥巴为董事长，孙诺七林、郭建华为技术顾问。[①]但该公司的经营并未持续下来。此后，汤堆村绝大部分制陶者还是以家庭作坊为生产模式，仅有当珍批初在继续尝试公司的生产模式。

2005年9月，当珍批初组建香格里拉龙巴黑陶有限责任公司，召集村中另外十一户制陶户以技术入股的形式加入公司，在214国道K23千米处建起了土陶生产示范基地和土陶产品展示区，并聘请了几位资深陶艺师成立了黑陶研究室。据当珍批初介绍，他在建立公司的同时成立示范基地和展示区的目的是为了更好地挖掘、抢救和保护汤堆村陶器的传统技艺，一方面加强对汤堆村陶器历史和制作技艺的研究，另一方面也进行新产品的开发探索，试图在技术上取得突破。将公司地址选在国道旁，是考虑到国道有很多旅游者路过，便于陶器的宣传与销售。公司成立后，先后招聘20余名村民进入公司参加生产培训。后来因为参与者的经营理念出现分歧，而且生产效益也不高，其他制陶者陆续退出了公司。当珍批初又与村里的另一位村民合资继续进行生产，并将厂房移到了村子边，以方便村民们上下班，他认为这样能够更好地解决村民们特别是女性的就业问题。同时，政府也对该公司给予一定程度的支持。2013年到2017年，政府累计出资134万元，个人600万元。

在当珍批初的公司，陶器制作分为两种方式：一种完全采用汤堆村陶器传统的制作技艺进行生产，主要生产大型陶器；另一种是流水线式生产，即由专人负责完成陶器制作的不同工序，初坯成型也不再是传统的大泥片围合法而改为泥浆灌注成型法，使用电窑烧制，主要制作小型陶器和工艺品，器类更多的是外来的花瓶、茶杯、茶壶、笔筒、烟灰缸及汉八宝挂饰等。当珍批初认为，采用流水线式生产、由专人负责完成每一个具体的环节，不仅能提高陶器的质量，更重要的是能降低陶器制作的门槛，让更多的村民能够掌握并参与到陶器制作中来。他还计划要招收尼西乡的残疾人来从事一些简单、适合的工种，以解决当地的残疾人就业问题。

当珍批初于2017年4月开始尝试使用电窑烧制陶器。他认为，随着制陶户的逐年增多，燃料木柴的消耗量非常大，为了更好地保护当地环境便引入了电窑。而且电窑烧制的温度更高，能提高陶器的硬度，从而降低运输过程中的破损率，这样旅游者们便会更加乐意购买陶器。但同时，他又觉得若完全采用电窑烧制，会有悖于汤堆制陶技艺的传统，所以尝试着将电窑和柴烧结合起来烧制陶器，即所谓的“80%传统，20%创新”。烧制工具除了电窑外，还需要一个铁皮箱，尺寸比电窑的窑室稍小。烧制的具体步骤是：第一步，将经过阴干的陶坯放到电窑中烘干，窑内温度慢慢提高到50℃，关电半小时后再次烧到50℃，然后再提高到300℃。此步骤相

---

① a.迪庆藏族自治州地方志编纂委员会：《迪庆藏族自治州志》，云南民族出版社，2003年。
b.香格里拉县尼西乡乡志编纂委员会：《香格里拉县尼西乡志》，云南科技出版社，2015年。

当于露天堆烧前将陶坯放置在火塘、炉灶边烘烤预热。第二步，将陶坯取出和木柴一起码放到铁皮箱中，码放方式同于露天堆烧。同时还要在每一层陶坯间添加一层熏料。木柴的用量仅相当于露天烧制等量陶坯的三分之一。第三步，将铁皮箱置入电窑窑室，通电后逐渐提高温度，从而引燃铁皮箱中的木柴，再通过木柴的燃烧来烧制陶器。烧制时间为9到10个小时，最高温度达到了1210℃。这一方法看似可行，但实际操作起来难度很大，关键是当窑内温度达到900℃时铁皮箱便熔融，会损坏电阻丝。当珍批初最初购买了四个电窑，已经烧坏了两个。但他并未放弃，仍在不停地进行尝试，主要是更换使用更加耐高温的铁皮箱。电窑除了在当珍批初的陶器公司使用外，并未像馒头窑那样普及开来，主要原因是用电窑烧陶的耗电量大、成本高，普通的家庭作坊无法承担。

当珍批初在陶器种类方面的创新想法也很多。首先，他认为汤堆村的制陶者一直以来都是制作黑陶，陶色太过单一，所以在保持以黑陶为主要产品的同时，他想尝试烧制不同陶色的陶器。其次，传统的黑陶陶质太过粗糙，会对陶器的实用性和美观产生负面影响，便从景德镇引进了陶土粉碎机以制作细泥陶。再次，他还在尝试烧制釉陶，釉料除了在当地寻找外，也从景德镇、德化窑购入了一些，并在景德镇陶瓷专家的指导下进行各种配方的实验，以期找到最佳方案。他认为，如果釉陶烧制成功，就能制作盛酒的酒瓶、酒罐等，从而改变汤堆村陶器没有盛酒器的历史，丰富汤堆村陶器的器物种类。最后，他认为传统的陶器只能在明火上使用，为了扩大产品的使用范围、吸引更多的消费者购买，便尝试制作在电磁炉上也能使用的陶器。

除了陶器制作外，厂房中还专辟空间设立了“特色汤堆村庄黑陶制作工艺”展示区，对当地陶器制作的历史、制陶原料、工具和制作工序等进行展示介绍。展品除了图片外，还有各类制陶原料、工具和陶器等实物。

4.4 陶器流通之变

4.4.1 消费者需求之变

嘎一朗村和汤堆村陶器生产的主要目的都是为了进行流通而非自用，即绝大部分陶器都是以进行商品交换为目的而生产的。在市场经济的环境中，流通是商品由生产者转移到消费者的唯一途径，而任何商品也只有通过在消费者之间的流通才能完成其生产的使命。因此，商品的流通与消费（包括消费者的需求）之间关系密切且相互影响，进而又会对商品的生产制作产生一定程度的影响。比如汤堆村陶器制作过程中，原来并没有用浸液涂刷或浸泡以防止陶器渗漏这一道工序，陶器完成渗碳后即可进入流通环节，浸泡是在消费者购买陶器后、使用前在家中自己进行的。但有的消费者并不了解这一工序及其作用，造成了陶器在使用过程中经常发生渗漏，严重影响了汤堆村陶器的声誉。最终，汤堆村的制陶者们便只能代替消费者完成此项工作，防渗漏也就成为陶器制作的最后一道工序。

进入21世纪以来，嘎—朗村和汤堆村陶器的消费者及其需求均发生了一定程度的变化。嘎—朗村陶器的主要消费者仍然是当地居民，旅游者不多。当地传统的器物以日常生活用器和宗教用器为主。20世纪80年代，随着金属、塑料用品等价廉、耐用的现代工业制品的大量出现，日常生活用陶器逐渐被取代。但后来，普通社会公众也逐渐认识到保护传统文化的重要性，作为藏族人民优秀传统文化代表的陶器又开始为广大消费者所接受，只是功能发生了变化，由原来的实用器转变为更具装饰性、观赏性的陈设器。而陈设器与实用器的最大区别在于其更加强调美观而非耐用。这一新的消费需求导致嘎—朗村陶器发生了两个方面的变化：其一是器物装饰。嘎—朗村陶器传统的陶色为陶器在氧化气氛中烧制所产生的红色，虽然也有的制陶者会用壁画颜料彩绘陶器，但数量极少。随着陶器装饰性、观赏性功能的日益凸显，大概在21世纪初，嘎—朗村出现了一种新的彩绘装饰手法：陶器烧成出“窑”后在其表面涂抹清漆，多以红色为底、黄色点缀，或是整器涂抹深红色，煨桑炉则多为银白色。或出“窑”冷却后立即涂抹，或在出售摊位上根据消费者的需求进行涂抹，煨桑炉常采用后者。第二个变化是器物的体型大小。传统陶器中有不少高于50厘米的大型器物，从实用的角度来说这样的尺寸是合适且必须具备的，但如果作为陈设品使用，对于普通家庭的居室空间来说就显得过大了。与第一个变化大概同时，嘎—朗村制陶者开始制作各类实用器的模型，高度一般保持在20厘米左右。这一变化的出现除了满足当地消费者的需求之外，还与西藏旅游业的发展有关。在当代社会，旅游者购买旅游地传统特色陶器作为旅游纪念品，是世界各地传统制陶点的普遍现象，专门为旅游者生产的陶器往往都是当地传统陶器的缩小模型，以便于旅游者将陶器装入旅行箱中运输及在家中陈设；纹饰或简化或更加丰富。[①]据笔者的观察，旅游者在购买嘎—朗村陶器时，更多的选择未经清漆涂饰的陶器，他们认为这样的器物更加原生态。当然，也有不少本地消费者仍然坚持使用陶器作为日常生活用器，因为陶器虽然易碎、沉重，但是透气性较塑料、金属制品更好，煮熟的食物味道更加鲜美，长期存放其中也不容易变质。宗教用器则基本未发生变化。

而在汤堆村，旅游业的发展程度则更高。迪庆有着丰富的自然、人文旅游资源，是国内著名的旅游胜地。1989年迪庆藏族自治州第一次提出“发展旅游业”，并写进了《迪庆藏族自治州自治条例》。1992年，中甸县正式对外开放。1994年，迪庆旅游业开始起步。1997年云南省政府正式宣布香格里拉在云南省迪庆藏族自治州，借助这一品牌效应，迪庆旅游业步入发展期。[②]至今，旅游业已发展成为当地的一项重要支柱产业。2008年，云南迪庆藏族自治州的陶器

---

① a.Rice P. M. , Pottery analysis: a sourcebook, Chicago: University of Chicago Press, 1987.
b. Arnold D. E. , Nieves A. L. , “Factors affecting ceramic standardization ,” Bey G. J. III, Pool, C. A. eds, Ceramic production and distribution: an integrated approach , Boulder : Westview Press , 1992, pp. 96.

② 《迪庆藏族自治州概况》编写组编：《迪庆藏族自治州概况》，254页，民族出版社，2007年。

烧制技艺（藏族黑陶烧制技艺）被公布为第二批国家级非物质文化遗产名录，汤堆村制陶技艺的知名度日益提升，越来越多的学者、旅游者甚至外国旅游者都慕名来到汤堆村，外地文化随之对当地传统制陶技艺产生了深刻影响。

汤堆村为旅游者制作的旅游纪念品类陶器中，模型不多，以火盆模型最为常见；更多的是花瓶、茶杯、茶壶、笔筒、烟灰缸及藏八宝、汉八宝挂饰等，尤以装饰藏族文化吉祥图案的藏八宝挂饰等器物最受旅游者欢迎。有的旅游者甚至会提供样品、图样向制陶者定制当地没有的陶器。到汤堆村旅游、参观的旅游者们还有另一个比较特殊的需求。近年来，国内很多大中型城市都开设了不少专门让消费者体验、学习陶器制作技艺的陶艺坊，深受广大消费者喜爱。同时，随着我国社会经济的繁荣以及消费者文化素质的普遍提高，旅游者们的消费需求已经发生了很大变化，他们的参与意识不断增强、已不再满足于走马观花式的观光旅游，他们更加注重的是从旅游过程中获得符合自己心理需要和情趣偏好的特定体验。①而汤堆村的传统制陶技艺不仅特色鲜明，且较之轮制法、泥条筑成法等，大泥片围合法更加简单易学，对于初次体验者来说更容易掌握。在这样的背景下，当地的不少制陶户陆续开始为旅游者们提供陶器制作体验服务，传授简单的制陶技艺，并可为他们提供后续的修整、装饰、烧制以及邮寄服务。其中尤以孙诺七林的儿子鲁茸恩主的实践最为成功。前来参加体验游的旅游者，既有来自国内各地的，也有来自日本、美国、新加坡和意大利等国的，以每年的7到9月人数最多。他们有的体验完大泥片捶打、围合后即离开到村中其他地点参观，但也有一些旅游者会在制陶户家中留宿数日，以获得更加深度的旅游体验。这些旅游者使用汤堆村制陶原料、技艺制作的陶器，能否称为“汤堆村陶器”也是一个值得深入探讨的问题。

4.4.2 流通方式之变

陶器流通方式的变化尤以汤堆村最为显著。汤堆村传统的陶器流通是以以物易物和外出售陶为代表的“制陶者到消费者”方式，因其地处茶马古道交通要道，历史上就存在少量“消费者到制陶者”的流通方向。现在，以物易物和外出售陶的方式已经基本消失，取而代之的是“消费者到制陶者”及“消费者到中间商到制陶者”，主要是店铺零售和订单交易两种方式，还有少量网络销售，来村中旅游、参观或学习制陶技艺的旅游者也会从制陶户直接购买陶器。

汤堆村紧邻始于青海西宁、经西藏到达云南澜沧拉祜族自治县的214国道，其中的云南大理至西藏芒康路段也称为滇藏公路，沿途景色优美、少数民族风情独特，被称为“中国景观最丰富的国道”，吸引了不少自驾旅游者。汤堆村不少村民便抓住这一商机，在国道旁开设了土锅鸡餐饮店、陶器等土特产商店，主要商品即为汤堆村制陶者生产的陶器，购买者基本都是路过

---

① 安贺新：《体验经济时代旅游业发展模式研究》，《经济研究参考》，2011年第17期。

的旅游者。这些店铺的经营者或者家中有人进行陶器制作，或者是从制陶者处收购陶器后再出售给旅游者，扮演了中间商的角色。订单交易的一种方式是香格里拉市、德钦县和丽江市等地甚至省外经营旅游工艺品和餐饮业的店家打电话向制陶者订制，同时协商好陶器的器型、大小和纹饰等。陶器制作完成后，买家再派人或雇人将陶器运到他们的实体店销售。另一种方式是淘宝、微店等网络平台商家找制陶者下订单订购一批陶器后在网络上进行销售。随着网络购物的发展，村中个别年轻人也开始在网络上售卖陶器，其中不乏制陶者本人，网上售卖方式更多的是通过微信朋友圈出售陶器。

嘎—朗村流通方式的变化虽不及汤堆村那样明显，但也出现了“消费者到制陶者”的流通方向，也是经营餐饮业和传统工艺品的商家以订单的形式向制陶者定做陶器，尤以拉萨市、日喀则市等大城市的订单为主，最远的甚至有青海省玉树藏族自治州的订单。部分买家也会提供所需器物的图片，要求制陶者按图制作陶器。陶器制好后消费者自行上门取货。

两个制陶点的陶器均品质优良、特色鲜明，具有很好的装饰、观赏和收藏价值，消费者的满意度普遍较高、口碑也好，非常乐意向自己的亲朋做正面宣传，于是带来了更多的消费者。这些新兴流通方式的出现，不仅增加了嘎—朗村和汤堆村陶器的销量、节省了制陶者外出售陶的时间，更为重要的是使得产自偏远地区的陶器得以远离原产地、流通到范围更广的区域，为更多的人所熟知。

4.5 有关变化的思考

上文所述青藏高原传统制陶技艺所发生的诸项变化，既有值得肯定并可在其他地区推广的成功经验，同时也存在需要制陶者、相关政府部门和研究者等社会各界深入思考及反省的内容。

嘎—朗村制陶者在面临消费者需求改变和燃料短缺的难题时，未被困难压倒、轻易放弃传承了数代、有着深厚感情的传统技艺，积极从当地实际情况、资源优势出发，齐心协力寻找克服困难的有效方法、方式和途径，最终找到了最佳解决方案。首先是进行“分众化”陶器制作，尽可能满足消费者的合理需求，使得陶器的销量得以保持甚至是进一步提高。所谓“分众化”陶器制作，即根据消费者需求的差异性特征，面向不同消费群体的某种特定需求，专门为他们制作具有独特风格的陶器。具体如满足当地消费者对鲜艳色彩的审美需求，改变陶器的装饰风格，提升其艺术价值；在售卖场所根据消费者的要求现场涂抹清漆装饰，为消费者提供更具个性化特征的优质服务；充分考虑到外地旅游者长途运输和陈设空间不大（后者包括本地消费者）的需求，缩小陶器尺寸，制作更加便于携带和陈设的模型器；继续生产制作具备实用功能的陶器种类，包括各类酒器、食器、茶器及宗教用器等。其次是发明泥草代替草皮作为主要燃料。这一新式燃料既吻合当地制陶资源的特点，又无须付出更多的财力、物力和人力去获取，可谓物美价廉。但更重要的是，作为草皮的绝佳替代者，泥草的使用未对传统制陶技艺的任何工序产生不良影响。嘎—朗村陶器制作的以上两点自我调适，基本是在没有任何外界助力的情况下实现的，完全是当地制陶者们自发的本真行为，且效果非常好。一方面充分挖掘、合理利用了制陶技艺的经济价值，解决了制陶户的生计问题，另一方面也实现了传统制陶技艺的有效保护、活态传承和可持续发展。

由于地理位置的特殊性和旅游业的快速发展，汤堆村与外界的联系更为频繁，制陶者们接触到的不同地域的文化更多、更丰富，传统制陶技艺发生的相应变化也就更多、更深。在这些变化中，尤其值得肯定的是以鲁茸恩主为代表的制陶者为旅游者提供的陶器制作体验服务，不仅满足了消费者深度参与体验的正当需求，更重要的是对汤堆村传统制陶技艺的广泛传播发挥了重要作用。不同于普通的观光游式展示方式，传统技艺的体验式展示不仅能让旅游者看到、听到制陶技艺的整个过程，通过视觉和听觉获取相关信息，更能深度参与体验陶器制作的某些工艺环节，即通过触觉感知到制陶技艺的精髓之所在。陶器制作技艺及其产品所蕴含的内涵、价值等信息是多维的，其中有的是显性的而有的则是隐性的，旅游者作为感知主体要想获得更加深入、全面的信息就需要尽可能多的调动其感知器官去获取信息。而触觉感知的加入，不仅仅是增加了一种感知途径，尤为重要的是，较之视觉和听觉，触觉更加有助于感知主体对感知客体的理解，进而在感知主体的头脑中留下更加深刻的、具有长期性和稳固性特征的印象，并能实现感知主体与感知客体之间情感和信息的双向互动交流。由此可见，汤堆村制陶者们为旅游者提供的陶器制作体验游，不仅帮助旅游者增长了有关陶器制作的知识、技能，而且将隐藏在陶器及其制作技艺背后更加丰富、隐晦的信息通过触觉感官传递给了他们，让他们真切地感受到制陶者、制陶技艺及其物质产品陶器的情感、观念、态度以及价值观等更深层次的内涵、价值，旅游者也由此获得了更加丰富的旅游体验和收益，而青藏高原传统制陶技艺这一中华民族珍贵文化遗产的内涵、价值等也得到了更为广泛、更有深度的传播，为该项传统技艺的有效保护、合理利用和可持续发展奠定了坚实基础。

当珍批初在其陶器公司也做了一些有益的尝试。首先，当珍批初深刻地认识到展示和宣传在传统技艺保护和传承过程中独特的价值和意义，早在2005年公司始建之初便设立了陶器产品展示区，公司地址搬迁后更是进一步扩大了展示区的面积、丰富了展示内容和展品种类。为了提高产品在陶器市场上的标识度，他以酥油茶壶和“尼西”二字的汉、藏两种文字为元素设计了公司的印章，他认为“这些元素是藏族的文化符号，消费者一看到就知道是藏族制陶者制作的”。其次，当珍批初还具有很好的创新意识和实践精神。为了烧制出高质量的釉陶，他始终坚持向景德镇等地的陶瓷专家虚心学习、求教，并一直在村子周围的山上采集各种陶土、釉料将其带回公司做不同配方的实验。在实验过程中，他做了非常详细的数据记录，试验品无论成败都做了编号，并将其保存在为“特色汤堆村庄黑陶制作工艺”展示所专门建立的“博物馆”库房中。他希望将这些数据和试验品留给年轻人们，以作为他们将来做更多实验尝试的基础资料。再次，在寻找釉料的过程中，他坚决不使用低温铅釉，因为汤堆村陶器中有大量生活用器，如果含铅量超标会对消费者的身体造成极大的损伤。最后，他对电窑和柴烧结合烧制方式的尝试，体现了他对传统技艺的珍视。当然，他更加强调发展：“传统的保留好，再有一些发展。不求发展，最终没法去传承，所以一定要发展。”而为方便村民就业搬迁公司地址、招聘残疾人等举措，则彰显了当珍批初作为企业家和传承人的强烈社会责任感。但是，非物质文化遗产的发展应该是有序的、可持续的发展，是以保护和传承为前提的发展，在尝试、寻找发展方式、路径和方向的过程中决不能以牺牲非物质文化遗产的保护和传承为代价。

我国非物质文化遗产的工作方针是“保护为主、抢救第一、合理利用、传承发展”。以汤堆村陶器制作技艺为代表的藏族黑陶烧制技艺是我国珍贵的非物质文化遗产，与之相关的任何工作、研究和实践，都必须严格遵守国家有关非物质文化遗产保护和传承工作的要求。泥浆灌注成型法、流水线式生产方式、电窑的运用，以及不具备本地、本民族特色的、看似更加丰富的其他陶色、细泥陶、釉陶、电磁炉用陶器和花瓶、茶杯、烟灰缸等所谓新式器类的制作，也许会给当地带来可观的经济利益，但是不会长久。因为这些所谓的创新器类，很早以前就已在国内很多地区的陶瓷工厂进行了批量化大规模生产。汤堆村在进入21世纪以后才开始尝试，已经错过了抢占市场先机的良机，在竞争激烈的市场上争取到一席之地的前景堪忧。汤堆村成为知名旅游地、当地生产的陶器成为广大消费者竞相购买的旅游纪念品，在很大程度上得益于其独特的地域特色、鲜明的民族风格以及“国家级非物质文化遗产”这一最高荣誉。不恰当的做法不仅会缩小汤堆村制陶技艺与其他地区的差异性特征，使其丧失珍贵的特色和风格，最终被市场所淘汰，更是对这一非物质文化遗产突出价值的破坏，必将对其传承与发展带来非常不利的影响。

笔者并不反对非物质文化遗产的利用。首先，非物质文化遗产来自民间，是活态的，其保护和传承必须有遗产地广大居民的充分参与。特别是传统技艺类非物质文化遗产，不仅仅是文化资源，更是难得的经济资源，其存在的最初目的就是为了生产制作各类产品并将其推向市场流通，进而获得一定的经济利益以改善制作者家庭及当地居民的生产生活条件。如果将其束之高阁或是过度保护，人为阻止任何形式的发展变化以及利用，必将使其脱离人民群众的生产生活，最终失去发展的活力。其次，非物质文化遗产有着非常珍贵、特殊的资源优势，理应充分挖掘和深度利用其优势开发具有浓郁地域风格和民族特色的文化产品和文化服务，积极寻找各种方式、途径增进其与旅游业、工业等相关产业的深度融合，进而推动传统技艺在现代社会生活中的广泛应用、促进遗产保护与民生改善的充分结合，为实现遗产地特色经济及社会的全面可持续发展做出应有贡献。但是，一味追求经济利益而忽视甚至舍弃非物质文化遗产保护和传承的过度开发与利用，最终必将导致非物质文化遗产丧失其文化特质，也就根本谈不上良性的可持续发展。《中华人民共和国非物质文化遗产法》第五条明确规定："使用非物质文化遗产，应当尊重其形式和内涵。"非物质文化遗产的利用，必须是在保护好其真实性、整体性和传承性前提下的利用，任何相关生产、流通和销售都只是为了做好保护和传承工作的一种手段。

通过非物质文化遗产的利用发展遗产地经济是可行的，关键是方式、方法要科学，要符合遗产保护与传承的要求。产品的盈利一是通过大规模的生产提高产量，实现薄利多销，而另一种途径则是追求高品质，即生产量少、质优的高端产品。汤堆村传统制陶技艺的一个突出价值是纯手工制作，且无论是技艺本身还是其物质产品陶器的形制特征、装饰风格等，都有着非常鲜明、异于他者的地域方格、民族特色和文化品位，个性化、差异性特征非常突出。对于其他民族、地区和国家的旅游者来说，其艺术性、观赏性甚至实用性价值也都具备很强的吸引力。这些特征正与高端旅游产品的特质相吻合，能够充分满足当前经济形态下旅游者对旅游产品的高层次、高品质和高标准追求。制陶者们根本无须进行所谓的开发、设计，更不需要强迫其适应、融入现代社会的生活方式和审美观念，只需保持其传统制作流程的整体性、坚守其核心技艺的真实性，生产出高质量、有特色的精品陶器即可。在此基础上，对传统流通方式进行完善、提升，充分运用现代化的宣传、营销手段扩大其吸引力、影响力，便能让其走向更为广阔的市场、获得更为丰厚的社会效益和经济效益，从而实现该项传统技艺的有效保护、活态传承和可持续发展，推动各族人民甚至世界各国人民的友好文明交流、交往、互鉴，并促进当地社会、经济的高质量、和谐发展。

第五章
青藏高原传统制陶的生态学比较分析

在陶器生命史的整个过程中，陶器都不可避免的与其所处时代、地域的文化、自然生态环境产生相互影响，是其所属时空经济形式、社会组织、意识形态和自然环境的必然产物。因此，要对陶器及其制作技艺进行深入研究，全面、深入挖掘其内涵、价值，就必须将其置于所处时空的文化、自然生态背景中进行全面考察。而只有做好了这些基础研究，才能真正贯彻落实好中共中央办公厅、国务院办公厅《关于进一步加强非物质文化遗产保护工作的意见》中所要求的“将非物质文化遗产及其得以孕育、发展的文化和自然生态环境进行整体保护，突出地域和民族特色”。

本章将从陶器生态学的角度对嘎—朗村和汤堆村的传统制陶技艺进行比较分析，以厘清影响两个制陶点陶器生命过程各阶段的自然、文化生态背景原因。

5.1 陶器生态学理论

生态学诞生于19世纪60年代，是人类对人与自然关系再认识的产物，其基本观点是整体的观点，即将生物个体、生态系统中的各个部分视为一个相关的整体。[①]因为生态学规律具有可移植性，即在某一层次上发现的规律可以有条件地移植到其他层次和系统中去，所以其他相关学科的学者也开始关注这一问题。文化生态学便是借用生态学的概念、理论、观点和方法来研究人类文化现象的理论，试图从整个自然环境和社会环境的各种因素交互作用中研究文化产生、发展、演变的规律。[②]最初的文化生态学作为人类学的一个研究领域诞生于美国，主要探讨人

① 李博：《生态学》，高等教育版社，2000年。
② 徐建：《当代中国文化生态研究——基于文化哲学的视角》，华东师范大学博士学位论文，2008年。

类文化与其所处的自然环境之间的关系。20世纪上半叶，文化生态学的先驱Franz Boas和Alfred Louis Kroeber分别提出了“环境决定论”和“可能论”的观点。环境决定论的核心思想是自然环境对人类社会、经济、政治等起绝对支配作用，是社会发展的决定因素。环境决定论因夸大了环境的决定力量，忽视了人类文化发展与技术进步对社会进化的作用而广受批判。可能论则认为自然环境为人类发展提供了可能性、设定了限制、规定什么文化是可能发生的，但人类是按自已的需要、愿望和能力来利用这种可能性的。环境虽然足以影响人类的活动，但人类也有操纵与征服环境的能力，并认为人的选择能力来源于“心理因素”。[①]为了解决“环境决定论”和“可能论”的矛盾，Percy Maude Roxby用“适应”一词来代替“可能”，“适应”不但指自然环境对人类活动的限制，也指人类对社会环境利用的可能性，人类需要主动地适应环境对人类的限制，即通过文化发展来适应自然环境的变化。[②]

为了解释那些具有不同地方特色的独特的文化形貌和模式的起源[③]，Julian Steward在1955年出版了《文化变迁的理论》（Theory of Culture Change）一书，系统阐述了文化生态学的基本理念，标志着文化生态学的正式诞生。Steward认为，人类是整个自然界生命网络的一部分，通过积累知识、经验、发明各种技术、创建各种组织、制度等构成文化，进而凭借文化认识、利用环境，并在文化的指导下获取、利用环境所能提供的各种资源以维持生存和发展，而环境对文化的形成、发展同时发挥着限制的作用。因此，相似的生态环境会产生相似的文化形态及其发展线索，而相异的生态环境则造就了与之相应的文化形态及其发展线索的差别。由于世界上存在多种生态环境，所以形成了多种文化形态及其进化道路。[④]

20世纪六七十年代，学术界通过对Steward观点的批判继承，改变了以往环境单向决定文化的观点，开始重视文化对环境的影响，提出了文化和环境可以互动的新主张，使文化生态学的理论和方法得以进一步充实、完善。20世纪80年代以后，系统论的观点被纳入文化生态学领域，成为其学科基础。系统是指由若干要素以一定结构形式联结构成的具有某种功能的有机整体，系统论认为，整体性、关联性、等级结构性、动态平衡性及时序性等是所有系统的共同的基本特征。系统论的纳入，使文化生态学的理论更为科学和完整，人们逐渐认识到不仅自然界是一个有机的系统整体，人类文化也以系统的形式存在着，自然生态系统和文化生态系统成为

① 白吕纳：《人地学原理》，科学出版社，1990年。

② 王海龙、何勇：《文化人类学历史导引》，学林出版社，1992 年。

③ 唐纳德·L·哈迪斯蒂着，郭凡、邹和译：《生态人类学》，文物出版社，2002年。

④ Steward J. H. , Theory of culture change: The methodology of multilinear evolution, Urbana University of Illinois Press, 1955.

两个相对独立又相互联系的系统。①

1952年，John Grahame Douglas Clark在《史前欧洲经济基础》（Prehistoric Europe : The Economic Basis）一书中首次将生态学概念引入到考古学中。②在1968年至1981年的民族考古学新时期，文化生态学方法对考古学生产了重大影响。③考古学在文化生态学理论基础上建立假说，解释文化的适应机制，认为人类文化的变化同周围自然环境的变化相关联，文化是对其环境长期适应的结果，而文化生态学对考古学最大的影响在于奠定了环境考古学的理论背景。④陶器研究也离不开文化生态学的理论。

根据Steward的观点，文化生态学研究的范围包括三个方面：生产技术或工具与生态环境之间的关系、生产技术与人的行为方式的关系、行为方式对文化其他方面的影响。⑤陶器并非只是人们日常生活所必须的用品，作为制陶技艺的直接产物，其整个生命史都是在特定的自然和文化环境中展开的，是其所处时代的自然和文化环境下人类行为的产物；作为一种文化现象，陶器的制作、流通、使用和废弃必然与其相应的自然、文化生态环境有关，其所蕴含的各种特征中，有的是为了适应自然环境而产生的，有的则是人类文化发展的必然结果。比如陶器手工业专门化作为一个系统过程，即代表了一种从环境多样性或稀缺性及从该环境对文化制约认识造成的选择可能性当中所得出的一种特定职业模式逐渐选择或制约的过程。⑥由此诞生了陶器生态学（Ceramic Ecology）。

陶器生态学是Frederich R.Matson在20世纪60年代提出的概念，他指出陶器是自然、生物和文化三要素之间动态平衡的产物，如果某一主要因素发生变动，陶器的特征就会发生相应的变化，所以研究过程中不能孤立的看待任何一种因素，要从各因素的互动中进行综合考虑，即要将陶器放到其产生的生态背景中进行研究，将制陶者所掌握的原料、技术及其产品的文化功能联系起来，通过对影响陶器生产的环境、水、食物、燃料、陶土、制陶者、产品等因素的综合分析，探讨陶器的生产和使用特点。⑦Matson的研究特点是超出了陶器自身去理解其背后的环境

① a.司马云杰：《文化社会学》，山东人民出版社，1987年。
b.陈杰：《良渚文明兴衰的生态史观》，《东南文化》，2005年第5期。
c.徐建：《当代中国文化生态研究——基于文化哲学的视角》，华东师范大学博士学位论文，2008年。

② 陈淳：《考古学文化概念之演变》，《文物季刊》，1994年第4期。

③ David N. , Kramer N. , Ethnoarchaeology in Action, New York : Cambridge University Press, 2001, pp.17.

④ 俞伟超、张爱冰：《考古学新理解论纲》，《中国社会科学》，1992年第6期。

⑤ Steward J. H. Theory of culture change : The methodology of multilinear evolution. Urbana: University of Illinois Press, 1955.

⑥ Rice P. M. , “Evolution of specialized pottery production: A trial model,” Current Anthropology 22 （33）: 219-240.

⑦ Matson F. R. , “Ceramic ecology: an approach to the study of the early cultures in the Near East ,” Matson F. R. , ed, Ceramics and man, Chicago : Aldine publishing company, 1965, pp.202-217.

和文化背景。这一研究方法提出之后对陶器民族考古学研究产生了深刻影响，发展至20世纪80年代，很多研究不再仅限于对陶器生产技术、过程的描述性记录，转而重点关注陶器生产、使用的自然、文化背景，以及这些背景对陶器生产、使用的影响。1989年，Charles C. Kolb将陶器生态学进一步表达为“整体的陶器生态学”（Holistic Ceramic Ecology）。[①]与此相类似的还有Dean Arnold的研究。Arnold早在20世纪60年代即已认识到陶器生产与环境、文化的关系，他先后在墨西哥、秘鲁、危地马拉研究陶器生产，但是在一个地点的研究并不能帮助他很好地理解其他地点的情况。在后来的研究中他认识到，原因在于各地文化的特殊性，很难将他所调查到的有关陶器生产的数据与其他地方的联系起来。由此改变了他对陶器生产的看法：重要的不仅仅是陶器生产本身，而是它是如何与天气、气候和季节性农业生产联系在一起的。基于此，Arnold指出，考古学家应该了解陶器生产和文化、环境的关系[②]，并于1985年出版了其代表性著作《陶器理论与文化进程》（Ceramic Theory and Cultural Process），指出将陶器和环境、文化联系在一起进行研究，能使研究者更有信心的在更多的古代文化中解释陶器，较之单独使用民族志分析更有可能。[③]

5.2 比较分析

陶器的特征是多方面的。有学者将其分为机能特征和属性特征，前者指的是与用途有关的陶器形状和容量，后者指陶器的制作程序及一些制作技法和陶器本身各构成属性。[④]这些特征，有的是人类行为、文化发展的必然结果，有的是为了适应自然环境而产生，有的则是人文、自然因素共同作用的结果。嘎一朗村和汤堆村传统制陶技艺及近年来所呈现出的新特征正是其所处特殊文化、自然环境的直接产物。

5.2.1 两个制陶点的同与异

嘎一朗村和汤堆村两个制陶点传统制陶技艺的共性特征比较突出，主要表现在：都有着丰富的陶土资源优势，因此两地的制陶历史都非常悠久。陶器的制作曾经都是以家庭作坊式生产为

① Kolb C. C. , ed, “Ceramic ecology ,” Current Research on Ceramic Materials, p. xvii. Oxford, England: British Archaeological Reports, International Series 513.1989 : xvii.

② Arnold D. E. , “ Ceramic theory and cultural process after 25 Years,” Ethnoarchaeology 3（1）： 63-98.

③ Arnold D.E. , Ceramic theory and cultural process, Cambridge： Cambridge University Press, 1985.

④ 秦小丽：《陶器研究方法论——以恢复社会生活为目的的陶器研究方法》，陕西省文物局等编：《中国史前考古学研究——祝贺石兴邦先生考古半世纪暨八秩华诞文集》，三秦出版社，2003年。

主，由家中的成年男性制陶、其他家人协助完成技术含量低的取土、烧制等工作。制陶者也基本都脱离了家中的农业生产和家务劳动，只是在农忙时节会协助家人进行农业生产。村民之间关系良好，都有互助制陶、烧陶的情况。传统的陶器成型、修整和装饰的大部分工序都是在旋转过程中完成，且均为手工操作，不使用机器。大部分器物，特别是大型、复杂器物均是使用混筑法、分步成型，半阴干过程中均需用塑料布包裹住关键部位以保持其湿强度。成型的顺序也都是正筑法、倒筑法兼用。器耳、鋬和盖钮等附件均采用捏塑法成型后再粘贴到器身主体。初坯的修整，最具特色之处均在于以皮巾的抹平作为最后一道工序。毛坯装饰手法均以刻划为主，浮雕和镶嵌技艺的运用极大地提高了陶器的艺术价值。在陶器的成型、修整和装饰过程中，都存在“通用型”和“个人型”技艺，大部分工具也都有跨用途使用的情况。陶坯烧制均采用平地露天堆烧，因陶土中含有丰富的铁元素，且都是在供氧充分的环境中烧制，刚出“窑”的陶器均呈红色。两个制陶点的村民基本上都是藏族，且全村信仰藏传佛教，因此器物种类中除了食器、酒器和茶器等日常生活用器外，宗教用器均占相当大的比重，且器类组合也基本相同。而以酥油茶壶为代表的茶器也是两地最有特色的器类之一。陶器的制作均非只满足自家使用，主要用于市场交换。历史上都曾经通过陶器以物易物的方式换取各种生活用品，但还是以以货币为媒介的陶器出售为主，以贴补家用。售陶收入在家庭总收入中占有相当大的比例。

尽管有着以上诸多共性特征，但由于两地人文和自然环境的不同，嘎—朗村和汤堆村的传统制陶技艺仍表现出很多异质性特征，且较共性特征更加突出。进入21世纪以来所出现的新特征前文已述，此前传统制陶的区别情况如下表：

表5-1 嘎—朗村和汤堆村传统制陶的异质性特征

	项目	嘎—朗村	汤堆村
制陶原料	陶质	多为泥质陶	多为夹砂陶
	染料	有	无
	熏料、浸液	无	有
	脱模剂（分型剂）	草皮烧土	细腻沙土
	主要燃料	草皮、泥草	松木
	辅助燃料	干草，牛粪、羊粪和马粪等动物粪便，废纸箱	干稻草、锯末和干树枝等
制陶工具	关键制陶工具	陶模、陶拍和陶轮	陶锤、A型陶拍和转盘
	旋转工具	转速较快的陶轮	转速较慢的转盘，同时兼具承托功能
	刻纹陶拍	无	有
	陶垫种类	单一，仅有鹅卵石和蘑菇状陶垫，前者不常见	丰富，除蘑菇状陶垫外，还有直柄和弯柄的小头陶垫
	压条、量器、雕刀、牦牛毡、挑杆	无	有

续表

	项目	嘎一朗村	汤堆村
制坯成型	成型工艺	模制法、泥条拼接法、慢轮提拉法和捏塑法，下腹部模制、上腹部泥条拼接，颈部、口沿和圈足为泥条拼接或捏塑后慢轮提拉成型	大泥片围合法、压模法、捏塑法和外模制法，器身主体大部分为大泥片围合法成型
	泥缝痕迹	较多	较少
	敞口成型工艺	慢轮提拉法	在口沿外侧重叠围合一层泥片后，经拍打而成。在器壁剖面上留下内外两层泥片叠压的纵向泥缝
	器底成型工艺	大部分为模制法成型，底部和下腹部之间无泥条缝隙	大部分为在底部圆形泥片上续接腹部泥片后再经拍打而成，器底和下腹部之间有一圈横向泥条缝隙
	连接方式	在已筑好的部位刻划连接凹槽	①在已筑好部位刻划连接凹槽（不常见）。②在新泥片的连接边上做出褶皱。③用B型或C型陶拍轻拍新筑部位的口部。④用手指、压条压紧内壁连接处
		已筑好部位与新筑部位的重叠面较宽	已筑好部位与新筑部位的重叠面较窄
	刻划连接凹槽的频率	较高	不高
	刷水频率	较高	不高
	半阴干频率	较高	不高
	提高陶器标准化程度的措施	预制好尺寸均一的泥饼（不常见）	①预制好尺寸均一的泥饼（不常见）。②使用量器或手指测量、定位（常见）
修整	手捏口部	频率较低，时间较短	频率较高，时间较长
	拍打器壁使其变薄、变长（深）	拍打修整的主要目的之一	无此目的
	拍打器壁以消减泥缝、气泡	拍打修整的主要目的之一	拍打修整的次要目的
	刮削修整	频率较高，时间较长	频率较低，时间较短
	刮削、抹平的方向	以围绕初坯一圈的横向刮削、抹平为主，竖向者较少	以竖向刮削、抹平为主，横向者较少
装饰	纹与饰	全部为出于审美目的而制作的饰	纹、饰皆有，以后者为主
	镶嵌	仅用于装饰盛酒器背酒罐和酒缸，且只镶嵌一片瓷片	广泛施用于食器、茶器和宗教用器等，镶嵌瓷片较多且组合成格桑花、太阳纹和“旺不断”等纹饰
	贴附、涂饰色衣、彩绘	有	无
	印纹种类	纹饰印模压印	戳印和拍印
阴干	阴干架	无	有
	阴干后打磨	无此工序	有此工序

续表

	项目	嘎—朗村	汤堆村
烧制	预热	无此工序	有此工序
	烧制方式	石板围合式平地露天堆烧	敞开式平地露天堆烧
		顶部需用草皮、泥草等燃料盖住	敞口，无须覆盖燃料
		焖烧，不见明火	明火
	吹风助燃	自然风较小时需要	不需要，且必须是无风天气时烧陶
	渗碳	无此工序	有此工序
	防渗漏	无此工序，因陶胎的致密度更高	有此工序，因胎质较粗、不够细腻，结构疏松
	最终陶色	红陶	黑陶
	烧制后打磨	无此工序	有此工序
	火塘或炉灶烧陶	无	可烧小型陶器
器物种类	形制特征分类	圈足器、平底器和圜底器。其中圈足器最多、圜底器最少，少量平底器实为圜底近平	平底器、圈足器和圜底器。其中平底器占绝大多数，圜底器最少
	用途分类	生活用器和宗教用器数量相当	以生活用器特别是食器为主、宗教用器数量不多
	酒器	数量和种类较多，分为酿酒器、盛酒器和饮酒器	数量和种类均较少，无盛酒器
	蒸锅	有	无
	火锅、火盆等炊器	无	较多
	煮茶器	无	有
	模型器	较多	较少
	焚／燃香器	较多	较少
	生活用器的实用功能	保留不多，更多的已转变为陈设器	保留较多，尤以火锅、火盆、煮锅、炒锅和靴形茶罐为代表
	宗教用器的继续使用	较多	较少
流通	流通方向	仅有“制陶者到消费者”	“制陶者到消费者”“消费者到制陶者”共存

5.2.2 文化生态分析

相较于国内外其他地区的制陶点，嘎—朗村和汤堆村制陶技艺的特色非常鲜明，尤以陶坯成型技艺最为突出。嘎—朗村的成型过程较复杂，是典型的混筑法成型，模制下腹部、泥条拼接上腹部，颈部、口沿和圈足则是泥条拼接或捏塑出雏形后再慢轮提拉成型。而汤堆村制坯的最大特色是陶容器器身主体部分系将长方形大泥片拼接到作为底部的圆形泥片上后，再首尾相接围合成腹部，之后再用陶拍配合陶垫将腹部、底部拍打成所需要的各种弧度和形状。这些技艺始于何时、何地，根据现有资料及认识水平、分析技术尚无法得出准确的结论，但可以肯定的是，它们都是制陶者根据当地、当时的具体情况进行技术选择的结果。比如，相较于其他地区常见的泥条筑成法、泥片贴筑法，汤堆村的大泥片围合法更加简单易行、省时高效，大部分器物仅需拼合一两次即可完成器物主体部分的制作；且只在腹部和腹、底结合处留下两条拼合泥缝，这也在一定程度上提高了陶器的耐用度。制坯过程中也不需要高速旋转的陶轮，只需缓慢转动的转盘即可完成大小各种尺寸陶坯的制作。而嘎—朗村的成型工艺看似复杂，绝大部分器物的初坯都需使用至少两种工艺方可成型，但对于当地制陶者来说并非难事，即使是初学者在师傅的指导下也能很快掌握技术要领。可以说，经过了数百年传承发展过程中的不断磨合、调试，当地的制陶资源、工具和各项技艺都已经实现了最优组合。

进入21世纪以后，随着与外界文化、经济等方面交流的增多，两个制陶点的制陶者们也接触到了一些新的制陶技艺和风格。而这些外来技术和风格能否被引入，并被当地制陶者、消费者所接受，进而取代传统技术和风格，起决定作用的除了新技术和新风格的先进性、便利性或高效性等优势外，新技术、新风格与当地人文自然环境的适应度。第四章“制陶技艺之变”所论慢轮和馒头窑、电窑在汤堆村的不同境遇，便是这一适应度的最佳体现。而在嘎—朗村制陶点，制陶者们面对困难所采取的应对方式和对新技术、新风格的接纳程度则完全不同。嘎—朗村制陶者同样遇到过燃料短缺的难题，也接触过馒头窑，但馒头窑烧制所需要的大量木材对于他们来说是比草皮还稀缺的资源，当地也没有竹子、煤等其他燃料。因为地处偏远，村里的电力供应极不稳定，至少在短期内是无法使用电窑的。在草皮被禁止使用后，制陶者们便发明了泥草代替草皮，并取得了很好的效果，关键是改用泥草烧陶后并不需要对其他制陶原料和工序进行任何改变，烧制出的陶器质量也基本未发生任何变化。这一发明当然得益于当地制陶者在长期使用草皮烧陶过程中细致入微的观察和技术经验的积累。

5.2.3 自然生态分析

自然生态环境对制陶技艺的影响主要表现在两个方面：

首先是制陶资源。不同于金属器、玉器和瓷器等，陶器作为最普通的日常生活用品，陶土和燃料这两类最主要的制陶资源必须具备易得性特征。从世界各地的民族志资料来看，制陶资源往往都是就地取材。因制陶点所处地理环境不同，陶土和燃料这两类最关键的制陶资源便有了很强的地域性特征。比如地处热带地区的云南傣族制陶者使用木材、稻草和稻谷皮等为燃料，[①]海南省黎族烧陶的燃料为椰子壳、椰树叶、茅草和稻草等，[②]生活在北极的爱斯基摩人以野蔷薇、柳树、葡萄树为燃料，而生活在冻土带海边的人们则以来自海上的漂木作为辅助燃料。[③]嘎—朗村制陶点位于高海拔、高寒地区，植被稀疏、低矮、发育较差，主要以耐寒耐旱的禾本科、莎草科及蒿类植物为主，[④]制陶者便使用草皮、泥草为主要燃料、牛粪等动物粪便为辅助燃料。而迪庆地区植被资源丰富，香格里拉县的森林覆盖率为74.99 %，林木绿化率高达81.23 %，[⑤]尼西乡森林覆盖率为63.42%。[⑥]当地数量最多的树种云南松便成了烧制陶器的主要燃料。

其次是陶器组合。嘎—朗村陶饮器中数量最多的是各类酒器，又分为酿酒器、盛酒器和饮酒器三类，具体器类有十余种。而汤堆村陶器中的饮器则以各类茶器为主，酒器非常少，食器以火锅、煮锅和火盆最具代表性。这与同属藏族的嘎—朗村陶器形成了鲜明对比。两地的酥油茶壶除纹饰外形制特征基本相同，但嘎—朗村酥油茶壶数量较多、并有配套使用的温茶炉，而汤堆村酥油茶壶的数量较少，煮茶温茶用的火盆也需与其他食器共用。汤堆村饮器中最主要的是煮、饮清茶的靴形茶罐和茶杯。汤堆村的煮锅、炒锅与嘎—朗村的煮面锅、煮肉锅的形制特征比较近似，火锅、火盆等炊器则不见于嘎—朗村。日常生活用器是为满足人们日常生活所需而专门制作的器物，其基本组合能很好地反映当地的饮食习俗等生活习惯，而饮食习俗则与自然环境、物产有着密切关系。嘎—朗村地处西藏中部高海拔、高寒地区，平均海拔4050米以上，主要气候特点是空气稀薄、干燥少雨、寒冷期长、昼夜温差大。特殊的地理、气候环境，形成了当地藏族人民独特的饮食习俗。日喀则市被称为西藏粮仓，是青稞的主要生产地，糌粑是当地藏族人民最重要的日常主食。在嘎—朗村相邻的白朗县蔬菜大棚建设前，当地的蔬菜种类非常少，只有自家种在房前屋后的白菜、萝卜和土豆。由此形成了以主食和肉食（牦牛肉）为主、蔬菜极少的饮食特点。盛放糌粑的糌粑盒、煮糌粑粥和面疙瘩的煮面锅、煮熟肉类的煮肉锅以及蒸藏包子的蒸锅便成了主要的食器种类。青稞不仅可食用还可酿制青稞酒。生活在艰苦自然环境中的藏族人民生活态度乐观向上、性情豪爽、热情奔放，各种节日、喜庆、聚会等庆典活动甚至日常生活中都离不开青稞酒，酒器自是不可或缺之器。更加老少咸宜的饮品是酥

---

① 张季：《西双版纳傣族的制陶技术》，《考古》，1959年第9期。

② a.庄家会：《海南黎族制陶的初步研究》，《中国陶瓷》，2012年第9期。
b.张红梅：《海南黎族泥片制陶技艺探析》，《中国陶瓷》，2017年第3期。

③ И.Ю.班克拉托娃：《亚洲东北部、美洲西北部古代居民的制陶工艺》，《西伯利亚研究》，2004年第4期。

④ 江孜县地方志编纂领导小组编：《江孜县志》，中国藏学出版社，2004年。

⑤ 宋发荣：《香格里拉县的森林资源及其特点分析》，《西部林业科学》，2008年第1期。

⑥ a.迪庆藏族自治州地方志编纂委员会：《迪庆藏族自治州志》，云南民族出版社，2003年。
b.香格里拉县尼西乡乡志编纂委员会：《香格里拉县尼西乡志》，云南科技出版社，2015年。

油茶。成书于8世纪末的藏医学经典著作《四部医典》详细记录了酥油的药用价值："新鲜酥油凉而能强筋，能生泽力又除赤巴热，陈酥油使疯、忘、昏迷愈。消熔酥油益智增热力，千般效用延年称上品……桶打酥油能治培根风，又生火热牦牛绵羊酥，同样二种酥油祛风寒。犏牛酥油进食身平调，黄牛山羊酥凉息风热。"[①]藏族人民的饮食以青稞、牛羊肉和乳制品为主，缺少蔬菜和水果，需要以茶来补充维生素等营养，较好的平衡膳食结构。《西藏纪游》记："番民以茶为生，缺之必病，如西域各部落之需大黄。盖酥油性热，糌粑干涩而不适口，非茶以荡涤之，则肠胃不能通利。"[②]用浓茶水、酥油和盐制成的酥油茶便成为当地居民必备的日常饮品，具有去油腻、抗高原反应、防嘴唇开裂、提供热能、抵御严寒以及充饥等功效。嘎—朗村制陶者盘膝而坐制陶时，身旁除了制陶工具、陶泥外，一定会有青稞酒和酥油茶，饮用之，能起到很好的解乏、放松之功效。

迪庆虽然也属于高海拔地区，但温湿度、植被覆盖率和氧气含量都比日喀则高，动植物资源、物产特别是蔬菜种类也更丰富。当地藏族人民也酿酒、饮酒，但饮用更多的是经过蒸馏、酒精含量更高的青稞白酒，在日常生活中并不会经常饮用。酥油茶因富含油脂也不经常饮用，日常饮品主要是清茶。食器中最具代表性的是火锅，特别是过年期间，火锅是家人聚餐必不可少之器具。在中华民族的节庆习俗中，"年"都是最重要的节日，外出的家人均会在此时赶回家中团聚。一家人围桌而食是过年期间最重要的时刻之一。而且汤堆村还有一个习俗，即村民们在过年期间轮流到村中各家吃饭。人多意味着要准备更多的食物，平均气温零下2.9℃的冬季也不适合一盘一盘陆续上桌的炒菜，能同时煮熟各种肉食、蔬菜的火锅便成为最佳选择。

---

① 宇妥·元丹贡布等著，李永年译，谢佐校：《四部医典》，人民卫生出版社，1983年。
② 周霭联撰，张江华点校：《西藏纪游》（卷二），中国藏学出版社，2006年。

后　记

本书的写作是在大量实地调查的基础上完成的。在持续数年的调查过程中，很多人向我提供了无私的帮助。可以说，没有他们的帮助，本书根本没有完成的可能。这里的致谢虽然没有什么分量，语言也不够生动优美，但却是发自我内心深处的最真诚的谢意。

首先要感谢的是我的调查对象——制陶者和他们的家人们。他们来自西藏自治区日喀则市江孜县卡麦乡嘎益村、朗卡村和那吾村，谢通门县仁钦则乡罗林村，桑珠孜区东嘎乡加木切村，拉萨市墨竹工卡县塔巴乡帕热村，以及云南省迪庆藏族自治州香格里拉市尼西乡汤堆村。除了他们精湛的制陶技艺，最令我感动的是他们的淳朴和善良。不仅是我对他们的制陶技艺、他们的生活感兴趣，其实他们也对我们的行为充满着好奇。他们最常问的一个问题是："你们为什么要问这么多啊？难道你们回去以后也要做陶器卖吗？"我不知道他们是否相信我的解释，但毋庸置疑的是，他们尽管有此担心，却还是在没有任何报酬的情况下接受了我的调查，非常耐心地回答我一次又一次看似啰唆的提问，也未对我不停拍摄、录像的行为表现出任何的不悦。每次目光相接，我看到的都是他们充满了笑意与善意的眼眸。所有人，无论是花甲老人，还是懵懂孩童，都会对初次见面的、外来的我们露出最灿烂、最真诚的笑容。这对长期工作、生活在所谓的大都市的我来说，是那么的珍贵。所以，在心情不好或压力太大时，翻出当年给他们拍摄的相片，看看他们的笑脸，已经成为我最佳的解压方式。尤其要感谢嘎益村村长多吉占堆一家。每次去村里调查都住在村长家，尽管语言不通，但丝毫不影响我们成为最好的朋友。为我们专门购置被褥、准备洗漱用水和食物、食器，每天都会来询问我们是否住得惯、吃得惯，调查是否顺利，等等。甚至在我们离开之后都还在时刻关心着我的高原高血压是否痊愈了，每次打电话都反复叮嘱要注意身体。真是把我们当作家人一样照拂和维护。还有汤堆村的孙诺七林老先生，作为国家级的非遗项目代表性传承人，能够在我们调查期间停下手中所有的工作，带着我们各处看看、讲讲，尽可能详细地为我讲解制陶的各项工序、注意事项。印象最深刻的还有他对后辈们的一些“不规矩”做法的担忧，以及自己因年老“没用处了”而干涉无果的痛心。老先生已仙去，我必将永远珍藏我们在村头神树下那张珍贵的合影。

教学相长，这是我从教二十年来最最深刻的感受。之所以会关注到青藏高原传统制陶技艺，完全得益于我的学生——中央民族大学2010级博物馆学专业本科生冯雨程和央珍同学。2011年年底，她们找我做国家大学生创新性实验计划项目的指导老师，让我第一次认识到这一制陶技艺的珍贵价值所在，从此展开了多年的调查研究。在青藏高原开展调查遇到的第一个难题是语言不通，多亏了我可爱的藏族学生们：2008级的旦增白云，2012级的索朗多吉，2014级的洛桑卓玛、扎西拉珍，还有2018级的次仁顿珠。正是在他们的帮助下，我的调查才得以顺利开展。汤堆村的大学生平措也为我提供了很好的翻译服务。在我的学生中，2007级的五位同学和2008级二班的二十多位同学是一个非常特殊的群体，他们在毕业以后都到西藏的地方文物单位工作。杨力勇、司马玉、来源、李文红、王振宇、曾毅、张勇、李文明、邓青、王丹丹和许倍川等同学，都给予了我非常大的、远超我想象的帮助。此外，还有很多学生参与了我的调查：2010级的金尼洋，2011级的薛中扬，2013级的仁增白姆，2014级的艾合买提、范婷筠、傅义婷、龚若凌、鲁晓宁、麦尔哈巴、毛静彦、王迪、徐琳、张璇、周洁欣、周忻雨和朱菲然；研究生有2014级的方芳，2016级的周敏、金珊徐美和任艳艳。对我来说，野外调查最大的快乐之一就是和同学成为真正的朋友，而同学们的思考也给予了我非常多的灵感。

最后要感谢的是对调查给予大力帮助的、西藏和云南相关单位的领导和工作人员们：西藏自治区罗布林卡管理处哈比布先生，西藏自治区文物保护研究所夏格旺堆先生、德央女士、白珍女士和罗布扎西先生，云南省迪庆藏族自治州藏学研究院和春燕女士以及迪庆州文物管理所李刚先生。

众人拾柴火焰高。正是有了以上诸位，本书才有了丰富的研究资料和写作素材。而我，只是把他们记录了下来。

朱萍
2023年1月1日于北京